Serie Jelu Ruemar

Serie JELU-RUEMAR

Propuestas para optimizar la enseñanza y el aprendizaje de la matemática.

MATEMÁTICA

Razones

Funciones

Trigonométricas

SENO

COSENO

TANGENTE

Ecuaciones

Identidades

OCTAVO TOMO

TRIGONOMETRÍA

POR: Scarlet C. Rueda M

2019

Scarlet C. Rueda M.

PRESENTACIÓN

La trigonometría se encarga de calcular los elementos de los triángulos, a partir del estudio de las relaciones entre los ángulos y los lados de los triángulos. Se ocupa de las funciones asociadas a los ángulos, denominadas funciones trigonométricas o funciones circulares.

Se destaca la importancia del estudio de la trigonometría por su amplia variedad de aplicaciones.

La trigonometría tiene una gran variedad de aplicaciones en diversos campos de la ciencia: de una u otra manera interviene en diversas áreas de las matemáticas en las que se necesita trabajar con precisión; por ejemplo, en la resolución de triángulos

En la física, cabe mencionar, en fenómenos ondulatorios; en medición de distancias, alturas, ángulos, la descomposición de vectores entre otros.

En la astronomía, por ejemplo, medir las distancias entre dos ubicaciones, cuerpos celestes o planetas, a partir de técnicas de triangulación.

La trigonometría también se aplica en los sistemas de navegación satelital.

La parte de la trigonometría que se encarga del estudio de las figuras contenidas en un plano, es denominada: Trigonometría plana.
La que se ocupa del estudio de los triángulos que forman parte de la superficie de una circunferencia; Trigonometría circular

La autora

Serie Jelu Ruemar

TABLA DE CONTENIDO

Presentación..2

Razones trigonométricas........................4

Unidades de medidas de ángulos........16

Funciones trigonométricas....................25

Identidades trigonométricas.................55

Teoremas trigonométricos....................68

Ecuaciones trigonométricas............... .80

Semblanza de la autora........................89

Razones trigonométricas

La trigonometría plana estudia la relación entre pares de lados respecto a un ángulo, no recto de un triángulo rectángulo, de donde se generan las llamadas razones trigonométricas, agrupadas en dos grupos:

1) Razones principales.

Las razones trigonométricas principales, de un ángulo α son las razones obtenidas entre los tres lados de un triángulo rectángulo. Es decir, la comparación por su cociente de sus tres lados a, b y c.

Siendo α uno de los ángulos agudos del triángulo rectángulo se define:

$$\operatorname{sen}\alpha = \frac{cateto\ opuesto}{hipotenusa} = \frac{a}{c}$$

$$\cos\alpha = \frac{cateto\ adyacente}{hipotenusa} = \frac{b}{c}$$

$$\tan\alpha = \frac{cateto\ opuesto}{cateto\ adyacente} = \frac{a}{b}$$

2) Razones recíprocas.

Las razones trigonométricas recíprocas de un ángulo α se obtienen como razones entre los tres lados de un triángulo rectángulo, siendo α uno de los ángulos agudos del triángulo rectángulo se define:

$$\alpha = \frac{1}{\csc} \quad \frac{hipotenusa}{sen\alpha = cateto\ opuesto} = \frac{c}{a}$$

$$\frac{1}{\sec\alpha = cos\alpha} \quad \frac{hipotenusa}{cateto\ adyacente} = \frac{c}{b}$$

$$\frac{1}{\cot\alpha = tan\alpha =} \quad \frac{cateto\ adyacente}{cateto\ ouesto} = \frac{b}{a}$$

En la figura nº 1 se puede observar los elementos de un triángulo rectángulo, siendo ∟ el ángulo recto, es decir de medida 90º; $\alpha\ y\ \beta$ los ángulos agudos, es decir de medidas menor de 90º y son complementarios pues la suma de sus medidas da 90º.

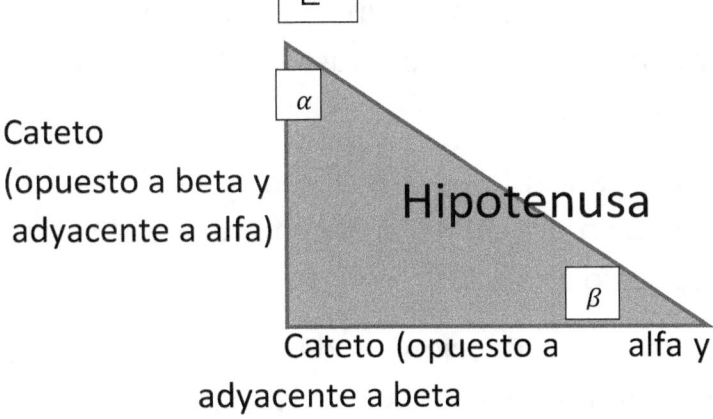

Figura nº 1

Al comparar la descripción de las razones trigonométricas mencionadas podemos destacar:

a) Respecto a las razones principales:

El **seno** Es la razón existente entre el cateto opuesto y la hipotenusa.

El **coseno** Es la razón entre el cateto adyacente y la hipotenusa.

La **tangente** Es la razón entre ambos catetos: el opuesto sobre el adyacente.

b) Respecto a las razones reciprocas:

La **cosecante** Es la recíproca del seno. La razón de la hipotenusa entre el cateto opuesto

La **secante** Es la recíproca del coseno. La razón de la hipotenusa entre el cateto adyacente

La **cotangente** Es la recíproca de la tangente. La razón del cateto adyacente entre al cateto opuesto

Esta descripción de las razones trigonométricas es utilizada para dar respuesta a situaciones tales como:

a) Resolución de triángulos.

Obtener las medidas desconocidas ,de los elementos del triángulo de A=90°; a=5cm; b=3cm .

1) Dibujar el triángulo.

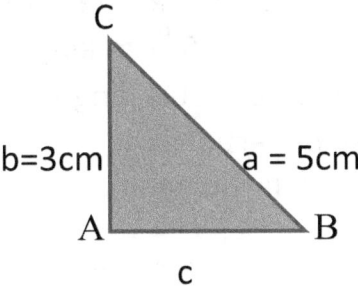

1) Usando las razones

$\text{sen}B = \dfrac{b}{a} \rightarrow \text{sen}B = \dfrac{3}{4} \rightarrow B = 53{,}13°$

$\cos B = \dfrac{c}{a} \rightarrow c = a \cdot \cos B \rightarrow c = 5 \cdot \cos(53{,}13)° \rightarrow$

$c = 5 \cdot \dfrac{4}{5} = 4$

$\tan C = \dfrac{c}{b} \rightarrow \tan C = \dfrac{4}{3} \rightarrow C = 36{,}87°$

Nota: El cálculo de c también se podía hacer por teorema de Pitágoras y el ángulo C por suma de ángulos internos de un triángulo; pero el objetivo es mostrar el uso de las razones por su descripción.

Los valores finales se obtuvieron con calculadora.

b) Calculo de altura (distancia vertical)

Desde una distancia desconocida, un observador mira la copa de un árbol, formando un ángulo de 45°, se aleja 30m y la observa de nuevo, con un ángulo de 30°. ¿Cuál es la altura del árbol?.

1) Se representa la situación.

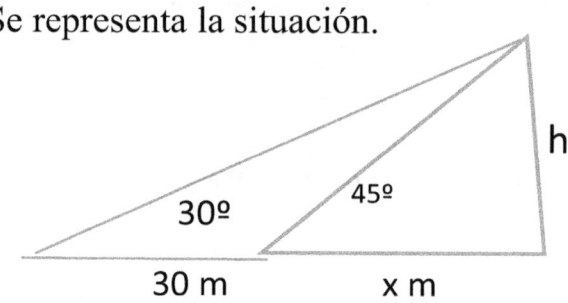

2) Se usan las razones convenientemente.

$\tan 30° = \dfrac{h}{x+30m}$ → h=(x+30m)tan30°

$\tan 45° = \dfrac{h}{x}$ → $h = x \tan 45°$

$x \tan 45° = (x+30m) \tan 30°$ →

$x \cdot 1 = \dfrac{\sqrt{3}}{3} x + 10\sqrt{3}$ → x=41m

∴ $h = x \tan 45°$ =41m.1=41

Serie Jelu Ruemar

La altura del árbol es 41 m

Fórmulas de relación de las razones trigonométricas con las principales

	$\sen\alpha$	$\cos\alpha$	$\tan\alpha$
$\sen\alpha$	$\sen\alpha$	$\pm\sqrt{1-\cos^2\alpha}$	$\dfrac{1}{\pm\sqrt{1+\tan^2\alpha}}$
$\cos\alpha$	$\pm\sqrt{1-\sen^2\alpha}$	$\cos\alpha$	$\dfrac{\tan\alpha}{\pm\sqrt{1+\tan^2\alpha}}$
$\tan\alpha$	$\dfrac{\sen\alpha}{\pm\sqrt{1-\sen^2\alpha}}$	$\dfrac{\pm\sqrt{1-\cos^2\alpha}}{\cos\alpha}$	$\tan\alpha$
$\csc\alpha$	$\dfrac{1}{\sen\alpha}$	$\dfrac{1}{\pm\sqrt{1-\cos^2\alpha}}$	$\dfrac{\pm\sqrt{1+\tan^2\alpha}}{\tan\alpha}$
$\sec\alpha$	$\dfrac{1}{\pm\sqrt{1-\sen^2\alpha}}$	$\dfrac{1}{\cos\alpha}$	$\pm\sqrt{1+\tan^2\alpha}$
$\cot\alpha$	$\dfrac{\pm\sqrt{1-\sen^2\alpha}}{\sen\alpha}$	$\dfrac{\cos\alpha}{\pm\sqrt{1-\cos^2\alpha}}$	$\dfrac{1}{\tan\alpha}$

Tabla nº 1

Fórmulas de relación de las razones trigonométricas con las recíprocas.

	$\csc\alpha$	$\sec\alpha$	$\cot\alpha$
$\sen\alpha$	$\dfrac{1}{\csc\alpha}$	$\dfrac{\pm\sqrt{\sec^2\alpha-1}}{\sec\alpha}$	$\dfrac{\cot\alpha}{\pm\sqrt{1+\cot^2\alpha}}$
$\cos\alpha$	$\dfrac{\pm\sqrt{\csc^2\alpha-1}}{\csc\alpha}$	$\dfrac{1}{\sec\alpha}$	$\dfrac{1}{\pm\sqrt{1+\cot^2\alpha}}$

$\tan\alpha$	$\dfrac{1}{\pm\sqrt{\csc^2\alpha - 1}}$	$\pm\sqrt{\sec^2\alpha - 1}$	$\dfrac{1}{\cot\alpha}$
$\csc\alpha$	$\csc\alpha$	$\dfrac{\sec\alpha}{\pm\sqrt{\sec^2\alpha - 1}}$	$\pm\sqrt{1 + \cot^2\alpha}$
$\sec\alpha$	$\dfrac{\csc\alpha}{\pm\sqrt{\csc^2\alpha - 1}}$	$\sec\alpha$	$\dfrac{\pm\sqrt{1 + \cot^2\alpha}}{\cot\alpha}$
$\cot\alpha$	$\pm\sqrt{\csc^2\alpha - 1}$	$\dfrac{1}{\pm\sqrt{\sec^2\alpha - 1}}$	$\cot\alpha$

Tabla nº 2

A continuación, podrás observar, en el ejemplo desarrollado, como se usan las fórmulas de las tablas 1 y 2

Calcular las demás razones trigonométricas a partir de la razón dada.

$$\cos\beta = \frac{4}{5}$$

$$\operatorname{sen}\beta = \pm\sqrt{1 - \cos^2\beta}$$

$$\rightarrow \operatorname{sen}\beta = \pm\sqrt{1 - \left(\frac{4}{5}\right)^2} \rightarrow \operatorname{sen}\beta = \pm\sqrt{1 - \frac{16}{25}}$$

$$\rightarrow \operatorname{sen}\beta = \pm\sqrt{\frac{25 - 16}{25}} \rightarrow$$

$$\operatorname{sen}\beta = \pm\sqrt{\frac{9}{25}} \rightarrow \operatorname{sen}\beta = \pm\frac{3}{5}$$

- $\tan\beta = \frac{\pm\sqrt{1-\cos^2\beta}}{\cos\beta} \rightarrow$

$$\tan\beta = \frac{\pm\sqrt{1-\left(\frac{4}{5}\right)^2}}{\frac{4}{5}} \rightarrow \quad \tan\beta = \frac{\pm 3}{\frac{4}{5}} \rightarrow$$

$$\tan\beta = \pm\frac{15}{4}$$

- $\csc\beta = \frac{1}{\pm\sqrt{1-\cos^2\beta}} \rightarrow$

$$\csc\beta = \frac{1}{\pm\sqrt{1-\left(\frac{4}{5}\right)^2}} \rightarrow \csc\beta = \pm\frac{1}{3}$$

- $\sec\beta = \frac{1}{\cos\beta} \rightarrow \sec\beta = \frac{5}{4}$

- $\cot\beta = \frac{\cos\beta}{\pm\sqrt{1-\cos^2\beta}} \rightarrow \cot\beta = \pm\frac{\frac{4}{5}}{\frac{3}{5}} \rightarrow$

$$\cot\beta = \pm\frac{4}{3}$$

Nota: se puede hacer con otras, pero la idea es usar la que se da al inicio.

La relación existente entre las razones trigonométricas seno y coseno permite expresar sumas en productos y productos en

sumas; este proceso se conoce como Transformaciones de razones trigonométricas
Suma o diferencia en producto

$$\operatorname{sen}\alpha + \operatorname{sen}\beta = 2\operatorname{sen}\left(\frac{\alpha+\beta}{2}\right)\cdot\cos\left(\frac{\alpha-\beta}{2}\right)$$

$$\operatorname{sen}\alpha - \operatorname{sen}\beta = 2\cos\left(\frac{\alpha+\beta}{2}\right)\cdot\operatorname{sen}\left(\frac{\alpha-\beta}{2}\right)$$

$$\cos\alpha + \cos\beta = 2\cos\left(\frac{\alpha+\beta}{2}\right)\cdot\cos\left(\frac{\alpha-\beta}{2}\right)$$

$$\cos\alpha - \cos\beta = -2\operatorname{sen}\left(\frac{\alpha+\beta}{2}\right)\cdot\operatorname{sen}\left(\frac{\alpha-\beta}{2}\right)$$

Estas transformaciones son usadas, por ejemplo:

a) Para obtener un valor numérico asociado, así;

$\dfrac{sen80° - sen40°}{cos40° - cos80°} =$	**Expresión dada**
$\dfrac{2cos60°.sen20°}{2sen60°.sen20°} =$	a) $\operatorname{sen}\alpha - \operatorname{sen}\beta =$ $2\cos\left(\dfrac{\alpha+\beta}{2}\right).\operatorname{sen}\left(\dfrac{\alpha-\beta}{2}\right)\cos$ b) $\cos\alpha - \cos\beta =$ $-2\operatorname{sen}\left(\dfrac{\alpha+\beta}{2}\right).\operatorname{sen}\left(\dfrac{\alpha-\beta}{2}\right)$

$\dfrac{cos60°}{sen60°} =$	Dividiendo factores iguales da 1.
$cot60° = \dfrac{\sqrt{3}}{3}$	Definición de recíproca de la tangente

b) Para símplificar

$\dfrac{cos\alpha + tcos2\alpha + cos3\alpha}{sen\alpha + tsen2\alpha + sen3\alpha} =$	Expresión a simplificar
$\dfrac{(cos\alpha + cos3\alpha) + tcos2\alpha}{(sen\alpha + sen3\alpha) + tsen2\alpha} =$	Conmutatividad y asociatividad
$\dfrac{2cos2\alpha \cdot cos\alpha + tcos2\alpha}{2sen2\alpha \cdot cos\alpha + tsen2\alpha}$	a) $cos\alpha + cos\beta = 2cos\left(\dfrac{\alpha+\beta}{2}\right) \cdot cos\left(\dfrac{\alpha-\beta}{2}\right)$ b) $sen\alpha + sen\beta = 2sen\left(\dfrac{\alpha+\beta}{2}\right) \cdot cos\left(\dfrac{\alpha-\beta}{2}\right)$
$\dfrac{cos2\alpha(2cos\alpha + t)}{sen2\alpha(2cos\alpha + t)}$	Factor común
$\dfrac{cos2\alpha}{sen2\alpha} = cot2\alpha$	División de factores iguales da 1. Definición de recíproca

Producto, en suma, o diferencia

$$\text{sen}\alpha \cdot \text{sen}\beta = -\frac{1}{2}[\cos(\alpha+\beta) - \cos(\alpha-\beta)]$$

$$\text{sen}\alpha \cdot \cos\beta = \frac{1}{2}[\text{sen}(\alpha+\beta) + \text{sen}(\alpha-\beta)]$$

$$\cos\alpha \cdot \text{sen}\beta = \frac{1}{2}[\text{sen}(\alpha+\beta) - \text{sen}(\alpha-\beta)]$$

$$\cos\alpha \cdot \cos\beta = \frac{1}{2}[\cos(\alpha+\beta) + \cos(\alpha-\beta)]$$

Son usadas de manera análoga, tal como se puede observar en los ejemplos siguientes:

a) Para obtener valor numérico asociado

$\dfrac{2sen4xcos3x - sen}{2cos5xsen2x + sen3}$ =	Expresión a simplificar
$\dfrac{sen7x + senx - senx}{sen7x - sen3x + sen3x}$	a) $\text{sen}\alpha \cdot \cos\beta =$ $\frac{1}{2}[\text{sen}(\alpha+\beta) + \text{sen}(\alpha-\beta)]$ b) $\cos\alpha \cdot \text{sen}\beta =$ $\frac{1}{2}[\text{sen}(\alpha+\beta) - \text{sen}(\alpha-\beta)]$
$\dfrac{sen7x}{=sen7x}$	Adición de términos semejantes ,opuestos, da 0
= 1	Numerador y denominador iguales da 1.

b) Para simplificar

	Expresión dada
sen5$\beta \cdot sen\beta + cos7\beta \cdot cos\beta$	
$-\frac{1}{2}(cos6\beta - cos4\beta) + \frac{1}{2}(cos8\beta + cos6\beta)$	a) $sen\alpha \cdot sen\beta = -\frac{1}{2}[cos(\alpha+\beta) - cos(\alpha-\beta)]$ b) $cos\alpha \cdot cos\beta = \frac{1}{2}[cos(\alpha+\beta) + cos(\alpha-\beta)]$
$\frac{1}{2}(-cos6\beta + cos4 + cos8\beta +$	Factor común
$\frac{1}{2}(cos4\beta + cos8\beta)$	adición de opuestos

Nota: se puede seguir aplicando transformaciones (De suma a producto) si se quiere factorizar y se obtendría:
$cos6\beta \cdot cos2\beta$

al aplicar $cos\alpha + cos\beta = 2cos\left(\frac{\alpha+\beta}{2}\right) \cdot cos\left(\frac{\alpha-\beta}{2}\right)$

Otras transformaciones trigonométricas
  a) De diferencia de cuadrados a productos. (Factorización)

  1) $sen^2\alpha - sen^2\beta = sen(\alpha+\beta) \cdot sen(\alpha-\beta$

2) $\cos^2\alpha - \cos^2\beta = \cos(\alpha+\beta)\cdot\cos(\beta-\alpha)$

b) De senos y cosenos a tangentes

1) $|senx| = \dfrac{|tanx|}{\sqrt{1+tan^2x}}$

2) $Senx = 2sen\left(\dfrac{x}{2}\right)\cdot\cos\left(\dfrac{x}{2}\right) = \dfrac{2tan\left(\dfrac{x}{2}\right)}{1+tan^2\left(\dfrac{x}{2}\right)}$

3) $Cosx = 2cos^2\left(\dfrac{x}{2}\right) - 1 = \dfrac{1-tan^2\left(\dfrac{x}{2}\right)}{1+tan^2\left(\dfrac{x}{2}\right)}$

4) $|cosx| = \dfrac{1}{\sqrt{1+tan^2x}}$

5) $\dfrac{sen(\alpha+\beta)}{cos\alpha\cdot cos\beta} = tan\alpha - tan\beta$

Actividades para fijar conocimiento

1) De un triángulo rectángulo, se conocen las medidas siguientes:

c=15cm, b=8cm y α=28°. Obtener, usando las razones trigonométricas, las medidas de los otros elementos.

(solución: $\beta=62°, a = 17cm$)

2) Calcular las demás razones trigonométricas a partir de la razón dada. En cada caso.

a) $\tan\alpha = -\dfrac{12}{5}$ b) $\text{sen}\beta = -\dfrac{1}{2}$ c) $\csc\delta = \dfrac{5}{3}$

d) $\sec\theta = \dfrac{5}{4}$ e) $\cot\gamma = \dfrac{3}{\sqrt{3}}$

3) Usando las transformaciones

3.a) Simplifique:

i) $\dfrac{2\text{sen}\delta + 3\text{sen}3\delta + \text{sen}5\delta}{4\text{sen}\delta}$

ii) $\dfrac{\text{sen}2\beta.\cos3\beta - \text{sen}\beta.\cos4\beta}{\cos5\beta.\cos2\beta - \cos4\beta.\cos3\beta}$

3.b) Obtener el valor numérico asociado:

i) $\dfrac{\text{sen}5\theta - \text{sen}3\theta}{\cos3\theta - \cos5\theta}$

ii) $\dfrac{\text{sen}7\alpha}{\text{sen}\alpha} - 2\cos2\alpha - 2\cos4\alpha - 2\cos6\alpha$

Unidades de medidas de ángulos

Como toda magnitud medible, cuando se mide un ángulo esta medida viene acompañada de una respectiva unidad

Las cuales pueden ser:

Radian: Considerada como la unidad natural de los ángulos, establece que una circunferencia completa puede dividirse en 2 pi radianes.
El radián es una unidad de medida del Sistema Internacional de Unidades.
Es el ángulo de la circunferencia que abarca un arco de longitud igual al radio de la misma.
Su símbolo es *rad*.

La magnitud de un radián sería la de la longitud del arco que delimitan las dos rectas de dicho ángulo si estuviésemos en una circunferencia de radio 1.
Ángulo en radianes = longitud del arco / radio

Una vuelta entera a una circunferencia son 2π radianes

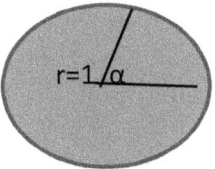

Grado sexagesimal: Se usa para dividir la circunferencia en trescientos sesenta grados sexagesimales

Los grados sexagesimales dividen una circunferencia en 360 partes iguales, de manera que una vuelta a la misma es 360º.

Su símbolo es °.

Un ángulo recto es 90º (90 grados sexagesimales).

Cada grado sexagesimal se divide en 60 minutos (su símbolo es ') y cada minuto sexagesimal se divide en 60 segundos (su símbolo es").

Por ejemplo, podríamos escribir un ángulo sexagesimal como 87º 31' 44".

También cabe expresar los grados sexagesimales con notación decimal.

El ángulo del ejemplo anterior, con notación decimal, seria: 87,5289°.

(figura nº 2)

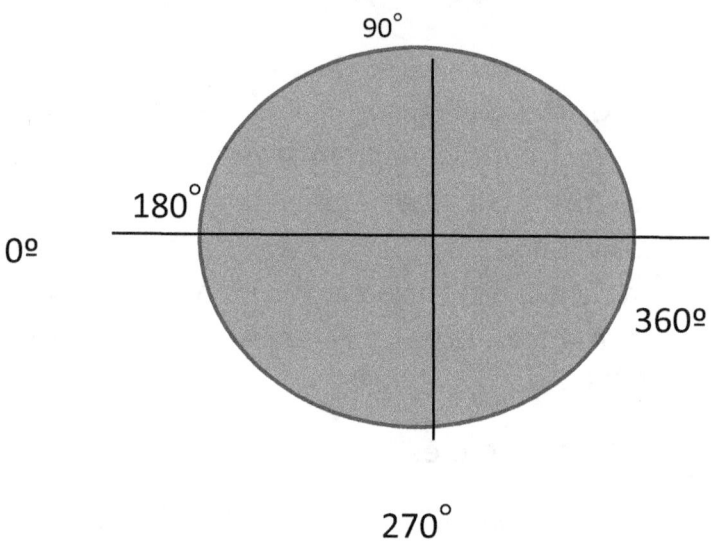

Gradián o grado centesimal:
Permite dividir la circunferencia en cuatrocientos grados centesimales
Divide una circunferencia en 400 partes iguales.

Su símbolo es ^{g}.

Un ángulo recto mide 100^g.

Cada grado centesimal se divide en 100 minutos centesimales.

Su símbolo es ^{m}. A su vez, cada minuto centesimal se divide en 100 segundos centesimales.

Su símbolo es ^{s}.

Ejemplo: un ángulo centesimal se escribe como 87^g 31^m 44^s.

En este caso, su expresión decimal sería directamente 87,3144^g.

Figura nº 3

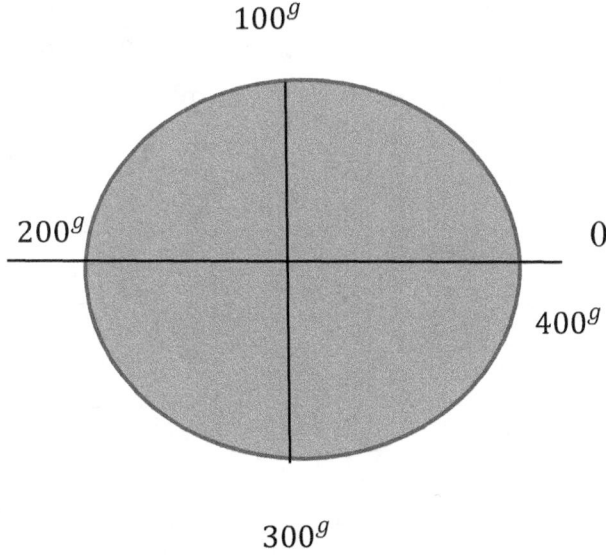

La medida de una vuelta a la circunferencia puede ser

2π radianes
360º grados sexagesimales
400^g grados centesimales; dependiendo de cuál es la unidad en que se van a medir los ángulos.

Existe por tanto equivalencia entre Radianes, grados sexagesimal y grados centesimal o gradianes

Lo que indica que cualquier medida de Ángulo en una de las unidades puede ser expresada en función de cualquiera de las otras dos, a partir de la relación de equivalencia, la cual se puede observar en la tabla nº 3

	Sexa gesimal	Cente simal	Radian
Sexagesimal	1º	1º= $1^g 11^m 11^s$	1º= 0,0157
Centesimal	1^g=0,9º	1^g	1^g= 0,0175
Radian	1rad= 57º17'44"	1rad= $63^g 66^m 20^s$	1

Tabla nº 3

ç

De las cuales se desprenden las fórmulas indicadas en la siguiente tabla.

	Sexagesimal	Centesimal	Radianes
Sexagesimal	1	$\alpha° = 0{,}9\alpha^g$	$\alpha° = \dfrac{180}{\pi}\alpha^{rad}$
Centesimal	$\alpha^g = \dfrac{10}{9}\alpha°$	1	$\alpha^g = \dfrac{200}{\pi}\alpha^{rad}$
Radianes	$\alpha^{rad} = \dfrac{\pi}{180}\alpha°$	$\alpha^{rad} = \dfrac{\pi}{200}\alpha^g$	1

Tabla nº 4

A continuación, se presentan algunos ejemplos sobre las conversiones.

1).Expresar $\dfrac{\pi}{5}$ rad. en grados

A partir de la equivalencia: πrad. $\to 180°$; se plantea la ecuación de conversión:

$$\frac{\pi}{5} \cdot \frac{180°}{\pi} = \frac{180°}{5} = 36°$$

∴ $\frac{\pi}{5}$rad equivalen a $36°$

2) Expresar $270°$ en radianes.
A partir de $180° \to \pi$ rad.
$270° \to x$ rad.

$x = \dfrac{270° \cdot \pi\, rad.}{180°} \to x = \dfrac{3}{2}\pi\, rad.$

∴ $270°$ equivalen a $\dfrac{3}{2}\pi\, rad$

Nota: Puedes resolver por ecuación de conversión (como en 1) o por regla de tres simple (como en 2), cualquiera de los casos.

Ángulos notables
Equivalencia entre los ángulos notables

Sexagesimal	Centesimal	Radian
$0°$	0^g	0
$45°$	50^g	$\dfrac{\pi}{4}$
$90°$	100^g	$\dfrac{\pi}{2}$
$135°$	150^g	$\dfrac{3\pi}{4}$

180°	200 ^{g}	π
225°	250 ^{g}	$\dfrac{5\pi}{4}$
270°	300 ^{g}	$\dfrac{3\pi}{2}$
315°	350 ^{g}	$\dfrac{7\pi}{2}$
360°	400 ^{g}	2π

Tabla nº 5

Las razones trigonométricas principales y las recíprocas de ángulos notables poseen valores fáciles de recordar, y que es conveniente aprender, lo que puedes diferenciar en la tabla siguiente:

α (grados)	0	30	45	60	90	135	180	225	270	315
α (radianes)	0	$\dfrac{1}{6}\pi$	$\dfrac{1}{4}\pi$	$\dfrac{1}{3}\pi$	$\dfrac{1}{2}\pi$	$\dfrac{3}{4}\pi$	π	$\dfrac{5}{4}\pi$	$\dfrac{3}{2}\pi$	$\dfrac{7}{4}\pi$
sen α	0	$\dfrac{1}{2}$	$\dfrac{\sqrt{2}}{2}$	$\dfrac{\sqrt{3}}{2}$	1	$\dfrac{\sqrt{2}}{2}$	0	$-\dfrac{\sqrt{2}}{2}$	-1	$-\dfrac{\sqrt{2}}{2}$
cos α	1	$\dfrac{\sqrt{3}}{2}$	$\dfrac{\sqrt{2}}{2}$	$\dfrac{1}{2}$	0	$-\dfrac{\sqrt{2}}{2}$	-1	$-\dfrac{\sqrt{2}}{2}$	0	$\dfrac{\sqrt{2}}{2}$
tan α	0	$\dfrac{\sqrt{3}}{3}$	1	$\sqrt{3}$	$+\infty$	-1	0	1	$-\infty$	-1

$\csc \alpha$		±2	$\sqrt{2}$	$\dfrac{2\sqrt{3}}{3}$	1	$\sqrt{2}$	±¢	-$\sqrt{2}$	-1	-$\sqrt{2}$
$\sec \alpha$	1	$\dfrac{2\sqrt{3}}{3}$	$\dfrac{\sqrt{2}}{2}$	2	±¢	-$\sqrt{2}$	-1	-$\sqrt{2}$	±¢	$\sqrt{2}$
$\cot \alpha$		±$\sqrt{3}$	1	$\dfrac{\sqrt{3}}{3}$	0	-1	±¢	1	0	-1

Tabla nº 6

Actividades para fijar conocimiento

1) Expresar en radianes:
a) 35°
b) 130°
 c) 60°

2) Expresar en grados.
a) $\dfrac{\pi}{6}$ rad.
b) 0,25 rad.

c) 4 rad.

Funciones trigonométricas
Descripción:
Las funciones trigonométricas son llamadas funciones periódicas por su comportamiento cíclico, en consecuencia, presentan la forma:

F(x)=Af($\alpha + kx$) + b

Donde:

α ; es el periodo no nulo, $\alpha \neq 0$; o fase. Determina el desplazamiento de la gráfica de la función sobre el eje x. Tal que:

Cuando $\alpha > 0$ la grafica de la función se desplaza hacia la izquierda.

Cuando $\alpha < 0$ la gráfica de la función se desplaza hacia la derecha.

b; indica el movimiento sobre el eje y. Así:
Si $b > 0$, se desplaza hacia arriba.
Si $b < 0$, se desplaza hacia abajo.
A; es la amplitud, cambia el tamaño de la gráfica de la función.
K; es la frecuencia, modifica el grado de repetición dentro del periodo de la función.

Las funciones trigonométricas descritas en la circunferencia goniométrica que se caracteriza por (ver figura nº 5)

a) Su radio es la unidad

b) Su centro es el origen de las coordenadas pertinentes.

c) Los ejes de las coordenadas delimitan cuatro cuadrantes que están enumerados en el sentido contrario al movimiento de las agujas de un reloj. En donde los valores numéricos asociados a sus ángulos serán positivos o negativos según el signo de la función; los cuales observaras en la tabla nº 7

Cuadrante I	Cuadrante II	Cuadrante III	Cuadrante IV
$x > 0$; $y > 0$	$x < 0$; $y > 0$	$x < 0$; $y < 0$	$x > 0$; $y < 0$
$\operatorname{sen}\alpha = y$	$\operatorname{Sen}\beta = y$	$\operatorname{Sen}\gamma = -y$	$\operatorname{Sen}\theta = -y$
$\cos\alpha = x$	$\cos\beta = -x$	$\cos\gamma = -x$	$\cos\theta = x$
$\tan\alpha = \dfrac{y}{x}$	$\tan\beta = \dfrac{y}{-x}$	$\tan\gamma = \dfrac{-y}{-x}$	$\tan\theta = \dfrac{-y}{x}$

		$\dfrac{y}{x}$	
Todas son positivas incluyendo sus reciprocas	*Solo seno y su reciproca cosecante son positivas*	*Solo tangente y su reciproca cotangente son positivas*	*Solo coseno y su reciproca cosecante son positivas*

Tabla nº 7

Esto lo puedes comprender al observar la figura siguiente:

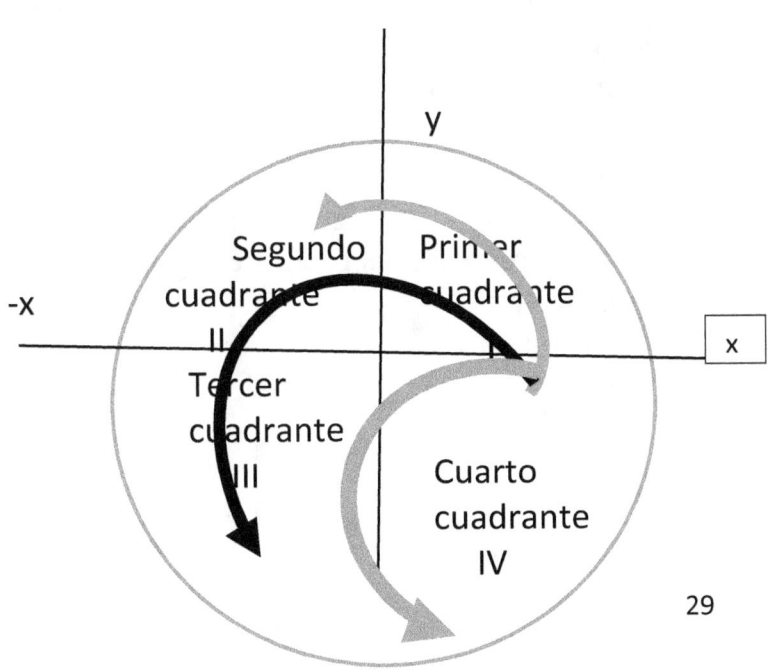

Figura nº 5

Las funciones trigonométricas se organizan en dos grupos:
1) Fundamentales:
   seno,
   coseno
   tangente
   y sus respectivas reciprocas:
   cosecante,
   secante
   cotangente

2) Inversas:
   Arco seno,

arco coseno,
arco tangente,
arco cosecante,
arco secante y arco cotangente

Conozcamos un poco de cada una de estas funciones trigonométricas:

Función seno:

Es la función f:$R \to R$ definida por:
F(x)=sen(x).
De dominio:$(-\infty,\infty)$
Rango: [-1,1]
Periodo:2π; sen(x)=sen(x+2kπ)
Paridad: Es impar, ya que sen (-x) =-sen(x)
Continuidad: $\forall x \in R$
La grafica f(x)=y=sen(x), intercepta al eje x en los puntos cuyas abscisas son:
x=kπ, k $\in z$.
La amplitud es 1. El valor máximo de sen (x) es 1 y el valor mínimo es -1.

Presenta la forma:

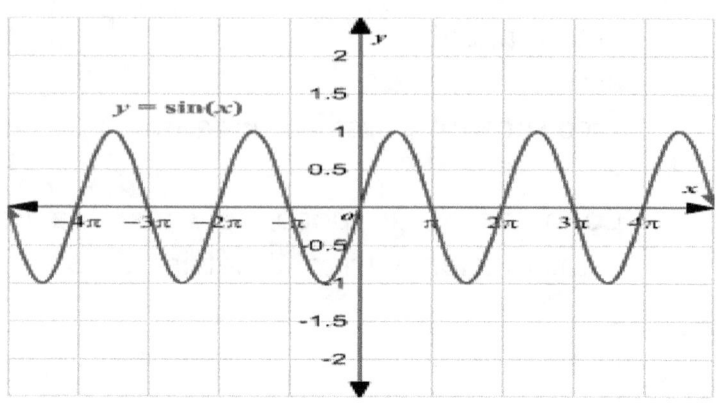

Función coseno

Es la función f:$R \to R$ definida por:
F(x)=cos(x).
De dominio:$(-\infty,\infty)$
Rango: [-1,1]
Periodo:2π; cos(x)=cos(x+2kπ)
Paridad: Es par, ya que cos (-x)=cos(x)
Continuidad: En todo el dominio;R
La grafica f(x)=y=cos(x), intercepta al eje x en los puntos cuyas abscisas son: x=2π + kπ, k $\in z$.

La amplitud es 1. El valor máximo de cos (x) es 1 y el valor mínimo es -1.
Presenta la forma:

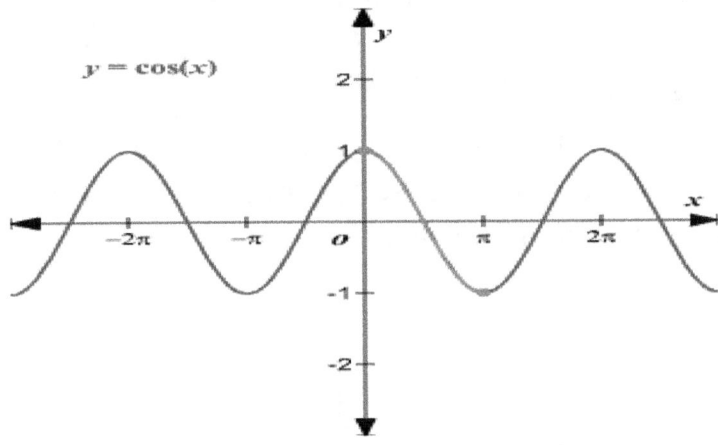

Función tangente

Es la función

$$f: R - \left\{ x \backslash x = \frac{\pi}{2} + k\pi , \; k \in z \right\} \rightarrow R$$

Definida por f(x)=tan(x)

De dominio: $R - \left\{ x \backslash x = \frac{\pi}{2} + k\pi , \; k \in z \right\}$

Rango; $(-\infty, \infty) = R$

Es Impar ya que tan(-x) =-tan(x)

Posee asíntotas; cuando $x = \frac{\pi}{2} + k\pi$, $k \in z$
Es periódica; de periodo π ; $\tan(x)=\tan(x+k\pi)$
Es continua; $\forall x \in R - \left\{\left(\frac{\pi}{2} + k\pi, k \in z\right)\right\}$
La grafica f(x)=y=tan(x), intercepta al eje x en los puntos cuyas abscisas son: $x=k\pi$, $k \in z$.
Su grafica presenta la forma:

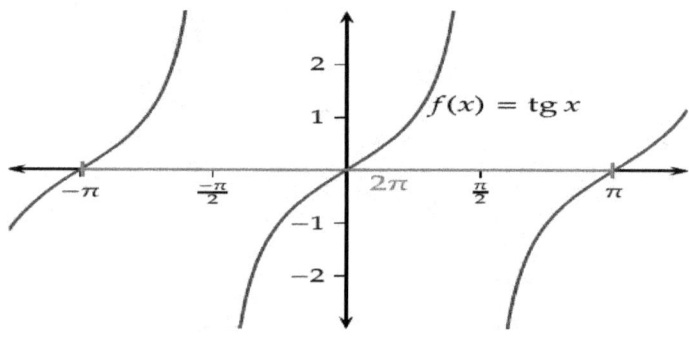

Función cosecante

Es la función $f: R \to R$ definida por:
F(x)=csc(x).
Es la función inversa de la función seno
De dominio:

34

$(-\infty,\infty) - \{k\pi, k \in z\} = R - \{..., -\pi, 0, \pi, ...\}$

Rango: $(-\infty,-1] \cup [1,\infty)$

Periodo: $2\pi \, rad.$

Paridad: Es impar, ya que csc (-x)=-csc(x)

Continuidad: En todo el dominio; es decir,
$\forall x \in R - \{k\pi, k \in z\}$

La grafica de esta función presenta la siguien-te forma:

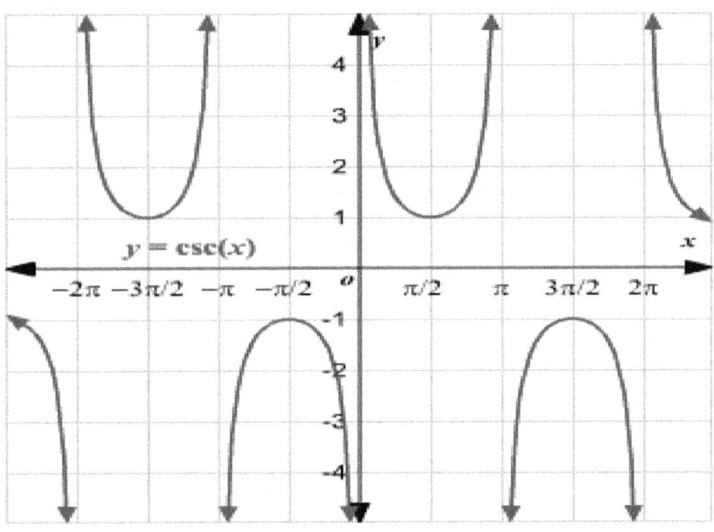

Función secante

Es la función f:$R \to R$ definida por:
F(x)=sec(x).
Es la función inversa de la función coseno
De dominio:

$$R - \left\{k\pi + \frac{\pi}{2} \quad k \in Z\right\} =$$

$$(-\infty, \infty) - \left\{..., -\frac{3\pi}{2}, -\frac{\pi}{2}, 0, \frac{\pi}{2}, \frac{3\pi}{2}...\right\}$$

Rango: $(-\infty, -1] \cup [1, \infty)$
Periodo: $2\pi \; rad.$
Paridad: Es par, ya que sec(-x)=sec(x)
Continuidad: Es continua para

$$\forall x \in R_- \left\{k\pi + \frac{\pi}{2}, \; k \in z\right\}$$

Su grafica tiene la forma:

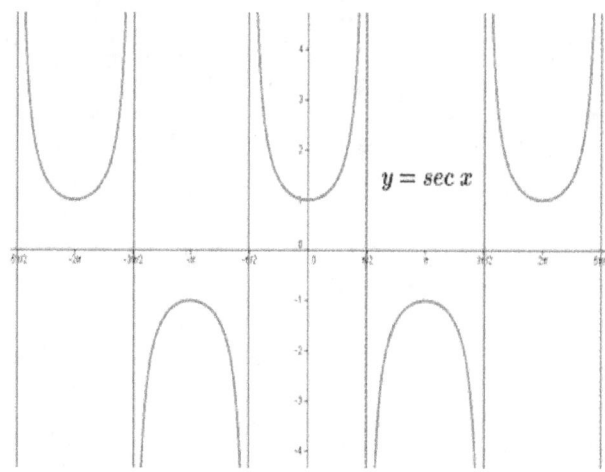

Función cotangente:

Es la función f: $R \rightarrow R$ definida por:
F(x)=cot(x). $\vee f(x) = cotg(x)$

Es la función inversa de la función tangente
De dominio:
$(-\infty,\infty)-\{k\pi, k \in z\} =$
$R - \{..., -\pi, 0, \pi, ...\}$
Rango: $(-\infty, \infty) = R$
Periodo: $\pi\ rad.$
Paridad: Es impar, ya que cot (-x) =-cot(x)
Continuidad: Es continua en,
$\forall x \in R-\{k\pi, k \in z\}$
La forma de la gráfica es:

- Función cotangente (de −360 a 360)

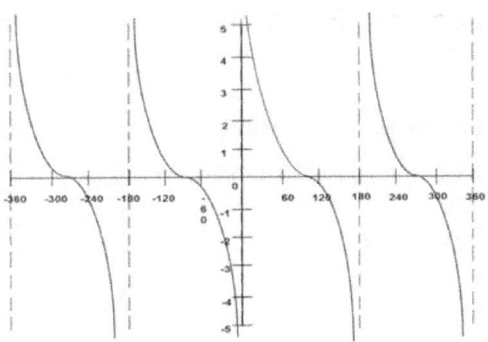

Función Arco seno
Como es la función inversa del seno se expresa simbólicamente así:

Si $\text{arcsen} x = \alpha$, entonces sen $\alpha = x$

Por ser, el arco seno y el seno, funciones inversas, su composición es la identidad, es decir:

$\text{arcsen}(\text{sen } \alpha) = \alpha$

Su abreviatura es **arcsen** o **sen**$^{-1}$

Dominio: $x \in [-1, 1]$

Codominio: $\alpha \in \left[-\dfrac{\pi}{2}, \dfrac{\pi}{2}\right]$

Para poder definir la función inversa de una función, necesariamente debe ser biyectiva. La función seno no es inyectiva en el conjunto de los reales. Por convención, se restringe el codominio al intervalo $\left[-\dfrac{\pi}{2}, \dfrac{\pi}{2}\right]$ para que la función coseno sea biyectiva. La función

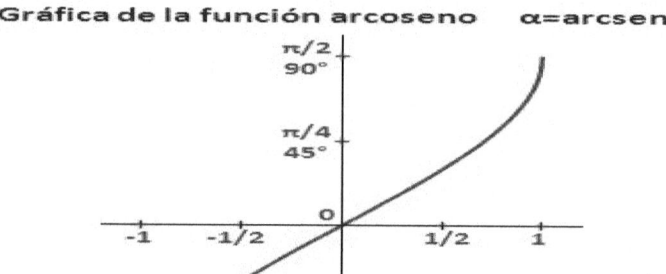

Gráfica de la función arcoseno $\alpha = \text{arcsen } x$

es **continua** y **decreciente** en todo el dominio.

Función Arco coseno

Como es la función inversa del coseno se expresa simbólicamente así:

Si $\arccos x = \alpha$, entonces $\cos \alpha = x$

Por ser, el arco coseno y el coseno, funciones inversas, su composición es la identidad, es decir: $\arccos(\cos \alpha) = \alpha$

Su abreviatura es **arccos** o **$\cos^{-1}$**

Dominio: $x \in [-1, 1]$

Codominio: $\alpha \in [0, \pi]$

Para poder definir la función inversa de una función, necesariamente debe ser biyectiva. La función coseno no es inyectiva en el conjunto de los reales. Por convención, se restringe el codominio al intervalo [0, π] para que la función coseno sea biyectiva.

La función es **continua** y **decreciente** en todo el dominio.

Su grafica presenta la forma:

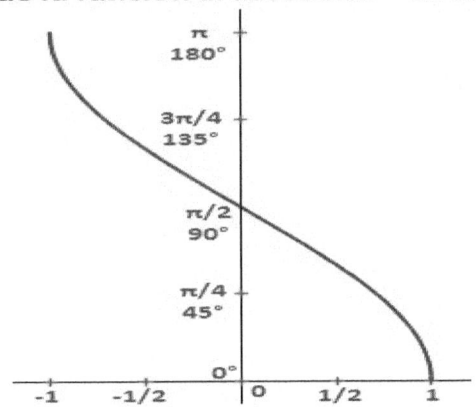

Gráfica de la función arcocoseno   α=arccos x

Función Arco tangente

Como es la función inversa de la tangente se expresa simbólicamente así:
Si arctan$x = \alpha$, entonces tan α=x
Por ser ,el Arco tangente y la tangente, funciones inversas, su composición es la identidad, es decir: arctan(tan α)= α

Su abreviatura es **arctan** o **tan**$^{-1}$
Dominio: x $\in$ [$-\infty,\infty$]

Codominio: $\alpha \in \left[-\dfrac{\pi}{2}, \dfrac{\pi}{2} \right]$

Para poder definir la función inversa de una función, necesariamente debe ser biyectiva. La función tangente no es inyectiva en el conjunto de los reales. Por convención, se restringe el codominio al intervalo [-π/2,π/2] para que la función tangente sea biyectiva.
La función es **continua** y **creciente** en todo el dominio.
Su gráfica:

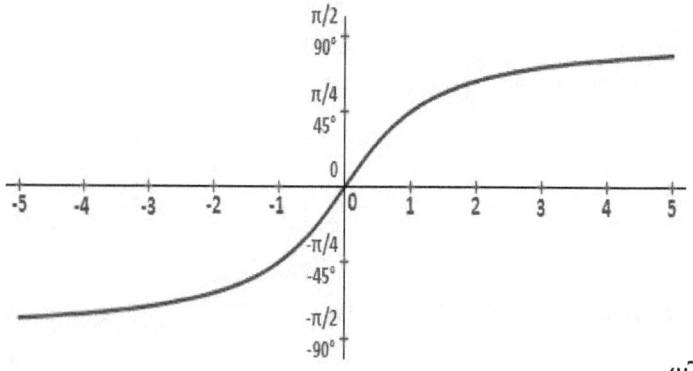

Gráfica de la función arcotangente α=arctan x

Función Arco cosecante

Como es la función inversa de la función cosecante se expresa simbólicamente así: Si $\text{arccsc } x = \alpha$, entonces $\csc \alpha = x$

Por ser, el arco cosecante y la cosecante, funciones inversas, su composición es la identidad, es decir: $\text{arccsc}(\csc \alpha) = \alpha$

Su abreviatura es *arccsc* o *csc^{-1}*
Dominio: $x \in (-\infty, -1] \cup [1, \infty)$

Codominio: $\alpha \in \left[-\dfrac{\pi}{2}, \dfrac{\pi}{2}\right]$

Para poder definir la función inversa de una función, necesariamente debe ser biyectiva. La función cosecante no es inyectiva en el conjunto de los reales. Por convención, se restringe el codominio al intervalo $\left[-\dfrac{\pi}{2}, \dfrac{\pi}{2}\right]$ para que la función cosecante sea biyectiva.
Su gráfica:

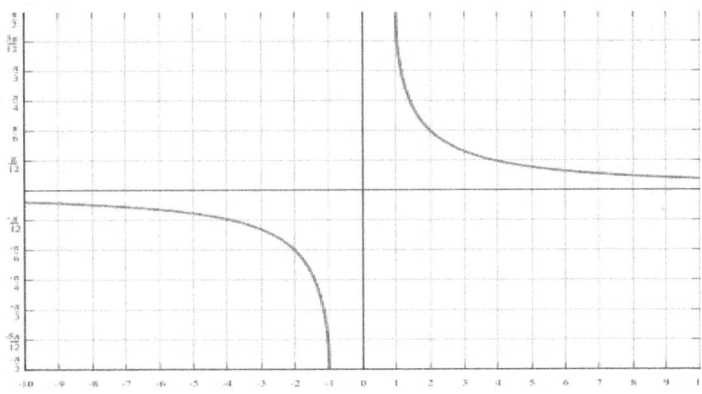

Función Arco secante

Es la función

f: $(-\infty, -1] \cup [1, \infty) \to \left[-\frac{\pi}{2}, \frac{\pi}{2}\right]$ definida por f(x)=arcsec(x)

La función arco secante es la función inversa de la función secante de un ángulo.

Se simboliza: arcsecx=$\alpha \to sec\alpha = x$

De esta definición, se deducen las expresiones equivalentes:

arcsec(-x)=$\pi - arcsec(x)$

arcsec$x$ = arccos($\frac{1}{x}$)

El dominio es : $(-\infty, -1) \cup (1, +\infty)$

.La función presenta una **asíntota** horizontal en y= $\alpha = \frac{\pi}{2}$, tal y como se deduce de la expression: arcsec(x)=$\frac{\pi}{2}$ - arcsen($\frac{1}{x}$)

La gráfica:

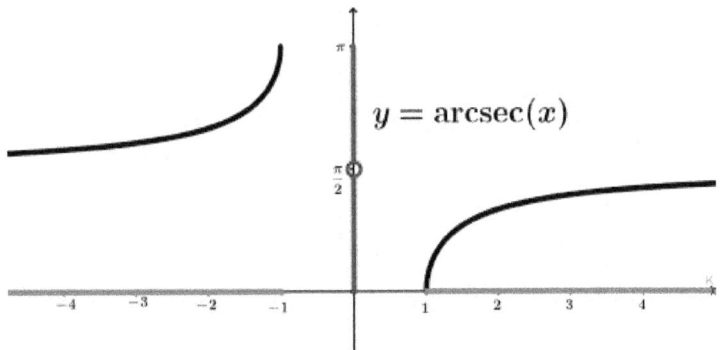

Función Arco cotangente

La función está definida para todo número real $\mathbb{R}$, siendo, su dominio de definición: $(-\infty, \infty)$. El codominio de la función está acotado en el intervalo: $[0, \pi]$.

El arco cotangente es una función continua y estrictamente decreciente, definida para todos los números del conjunto real. arcot(x):$R \to (0,\pi)$.

La grafica de la función es simétrica respecto al punto $\left(0, \dfrac{\pi}{2}\right)$, por lo que arccot(x)=$\pi - arccot(-x)$.

Su gráfica es:

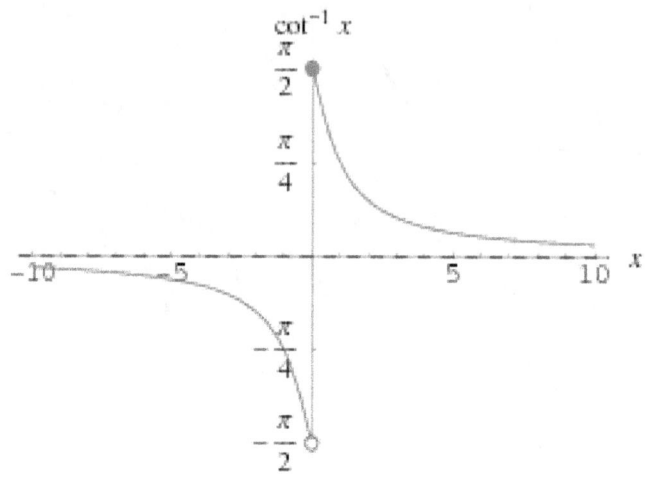

Es importante tomar en Cuenta la notación de las funciones inversas, pues en ocasiones suelen originar confusión y al escribir $sen\alpha^{-1}$, se suele reescribir así $\dfrac{1}{sen\alpha}$ lo cual es un error. Para aclarar mejor esta observación observa la tabla siguiente:

Función	Denotación Inglesa	Denotación francesa
$sen\alpha = x$	$\alpha = arcsen(x)$	$\alpha = sen^{-1}(x)$
$cos\alpha = x$	$\alpha = arccos(x)$	$\alpha = cos^{-1}(x)$
$tan\alpha = x$	$\alpha = arctan(x)$	$\alpha = tan^{-1}(x)$

cscα=x	α=arccsc(X)	$\alpha=csc^{-1}(x)$
secα=x	α=arcsec(x)	$\alpha=sec^{-1}(x)$
tanα=x	α=arctan(x)	$\alpha=cot^{-1}(x)$

Tabal nº 8

Nota: La notación habitual de las funciones inversas es la notación de la función con el prefijo arc o bien *el símbolo de la función elevado a la menos 1* (leído como *función inversa*). Esta última notación no suele estar aconsejada debido a su ambigüedad, ya que es susceptible de ser confundida con una potencia de exponente -1, aunque su uso es habitual en las calculadoras de bolsill

Cuadro resumen

Nombre	Forma	Dominio	Rango	Características
Seno	F(x)= sen^x	(-∞,∞)	[-1,1]	Periodo:2π, Impar, continua
Coseno	F(x)= cosx	(-∞,∞)	[-1,1]	Periodo:2π, par, continua
Tangente	F(x)= tanx	R - $\{x \backslash x = \frac{\pi}{2} + k$	(-∞,∞)	Periodo:π, Impar, acotada, posee asíntotas
Cosecante	F(x)= cscx	(-∞,∞)- $\{k\pi, k \in z\}$	(-∞,-1] ∪ [1,∞)	Periodo:2π, Impar, continua

Secante	F(x)= secx	$R - \left\{k\pi + \dfrac{\pi}{2}\ k \in \right\}$	$(-\infty,-1] \cup [1,\infty)$	Periodo:2π, par, continua
Cotangente	F(x)= cotx	$(-\infty,\infty)-\{k\pi, k \in z\}$	$(-\infty,\infty)$	Periodo:π, Impar, continua
Arco seno	F(x)= arcsenx	$[-1,1]$	$\left[-\dfrac{\pi}{2},\dfrac{\pi}{2}\right]$	Continua, decreciente
Arco coseno	F(x)= arccsx	$[-1,1]$	$[0,\pi)$	Continua, decreciente
Arco tangente	F(x)= arctanx	$(-\infty,\infty)$	$\left[-\dfrac{\pi}{2},\dfrac{\pi}{2}\right]$	Continua, decreciente
Arco cosecante	F(x)= arccscx	$(-\infty,-1] \cup [1,\infty)$	$\left[-\dfrac{\pi}{2},\dfrac{\pi}{2}\right]$	Posee asíntota
Arco secante	F(x)= arcsecx	$(-\infty,-1] \cup [1,\infty)$	$[0,\pi)$	Presenta asíntota
Arco cotangente	F(x)=arc cotx	$(-\infty,\infty)$	$[0,\pi)$	Continua, decreciente ,simétrica

Casos particulares que puede presentar el argumento de las funciones trigonométricas.

1) Por operaciones algebraicas

   a) adición o sustracción

   a.1) Angulo suma:

$\text{sen}(\alpha + \beta) = \text{sen}\alpha \cdot \cos\beta + \text{sen}\beta \cdot \cos\alpha$

$\cos(\alpha + \beta) = \cos\alpha \cdot \cos\beta - \text{sen}\alpha \cdot \text{sen}\beta$

$$\tan(\alpha + \beta) = \frac{\tan\alpha + \tan\beta}{1 - \tan\alpha \cdot \tan\beta}$$

Ejemplo

Obtener el valor de sen(105°)	Respuesta: $\text{sen}(105°) = \frac{\sqrt{6} + \sqrt{2}}{4}$
Sen(105°)	Dato
Sen(60° + 45°)	Expresando en términos de ángulos notables
sen60°cos45° +sen45°.cos60°	Angulo suma
$\frac{\sqrt{3}}{2} \cdot \frac{\sqrt{2}}{2} + \frac{\sqrt{2}}{2} \cdot \frac{1}{2}$	Valores de ángulos notables

a.2) Angulo diferencia

$\text{sen}(\alpha - \beta) = \text{sen}\alpha \cdot \cos\beta - \text{sen}\beta \cdot \cos\alpha$

$\cos(\alpha - \beta) = \cos\alpha \cdot \cos\beta + \text{sen}\alpha \cdot \text{sen}\beta$

$$\tan(\alpha - \beta) = \frac{\tan\alpha - \tan\beta}{1 + \tan\alpha \cdot \tan\beta}$$

Obtener el valor de $\cos\left(\dfrac{\pi}{12}\right)$	Respuesta: $\cos\left(\dfrac{\pi}{12}\right) = \dfrac{\sqrt{2}+\sqrt{6}}{4}$
$\cos\left(\dfrac{\pi}{12}\right)$	Dato
$\cos\left(\dfrac{\pi}{3}-\dfrac{\pi}{4}\right)$	Expresando en términos de ángulos notables
$\cos\left(\dfrac{\pi}{3}\right)\cos\left(\dfrac{\pi}{4}\right)+\text{sen}\left(\dfrac{\pi}{3}\right)\text{sen}\left(\dfrac{\pi}{4}\right)$	Angulo diferencia
$\dfrac{1}{2}\cdot\dfrac{\sqrt{2}}{2}+\dfrac{\sqrt{3}}{2}\cdot\dfrac{\sqrt{2}}{2}$	Valores de ángulos notables
$\dfrac{\sqrt{2}}{4}+\dfrac{\sqrt{6}}{4}$	Multiplicación de fracciones
$\dfrac{\sqrt{2}+\sqrt{6}}{4}$	Adición de fracciones

b) Multiplicación o división
b.1) Angulo doble
sen $(2\alpha) = 2 sen\alpha.cos\alpha$
cos$(2\alpha) = cos^2\alpha - sen^2\alpha$

$$\tan(2\alpha) = \frac{2\tan\alpha}{1 - \tan^2\alpha}$$

Ejemplos:

1)

Desarrollar por ángulo doble sen(6α)	
Sen(6α)	Dato
Sen(2x3)α	Expresando en términos de un ángulo doble
Sen2(3α)	Asociatividad
2sen$3\alpha \cos 3\alpha$	Angulo doble
Desarrollar por ángulo doble sen(6α)	

2)

Simplificar: 2sen6°$\cos 6°$	
2sen6°$\cos 6°$	Dato
Sen(2.6°)	Angulo doble
sen12°	Multiplicación.

b.2) Angulo medio

$$\operatorname{sen}\left(\frac{\alpha}{2}\right) = \pm\sqrt{\frac{1-\cos\alpha}{2}}$$

$$\cos\left(\frac{\alpha}{2}\right) = \pm\sqrt{\frac{1+\cos\alpha}{2}}$$

$$\tan\left(\frac{\alpha}{2}\right) = \pm\sqrt{\frac{1-\cos\alpha}{1+\cos\alpha}}$$

Calcular tan(15°)	Respuesta: $\tan(15°) = 2 - \sqrt{3}$
Tan(15°) =	Dato
$\sqrt{\dfrac{1-\cos 30°}{1+\cos 30°}}$	Angulo medio
$\sqrt{\dfrac{1-\dfrac{\sqrt{3}}{2}}{1+\dfrac{\sqrt{3}}{2}}}$	Valor ángulo notable
$\sqrt{\dfrac{2-\sqrt{3}}{2+\sqrt{3}}}$	Efectuando operaciones
$\sqrt{\dfrac{(2-\sqrt{3})\cdot(2-\sqrt{3})}{(2+\sqrt{3})(2-\sqrt{3})}}$	Racionalizando
$\sqrt{\dfrac{(2-\sqrt{3})^2}{2^2-\sqrt{3}^2}}$	Efectuando
$2-\sqrt{3}$	Efectuando

b.3) Angulo triple.

$\operatorname{Sen}(3\alpha) = 3\operatorname{sen}\alpha - 4\operatorname{sen}^3\alpha$

$\operatorname{Cos}(3\alpha) = 4\cos^3\alpha - 3\cos\alpha$

$$\text{Tan}(3\alpha) = \frac{3\tan\alpha - \tan^3\alpha}{1 - 3\tan^2\alpha}$$

Esto es: Sea α=135, como 135=3.45 Y usando las expresiones dadas tendremos que:

a) Sen3α=sen 3.45=3sen45-4sen³45=

$$3\frac{\sqrt{2}}{2} - 4\left(\frac{\sqrt{2}}{2}\right)^3 = 3\frac{\sqrt{2}}{2} - 4\left(\frac{\sqrt{2^2 \cdot 2}}{2.4}\right) =$$

$$3\frac{\sqrt{2}}{2} - 4\left(\frac{2\sqrt{2}}{2.4}\right) = 3\frac{\sqrt{2}}{2} - 4\left(\frac{\sqrt{2}}{4}\right) =$$

$$3\frac{\sqrt{2}}{2} - \sqrt{2} = \frac{\sqrt{2}}{2} = \text{sen}135$$

b) Cos(3α)=cos(3.45)=

$$4\cos^3 45 - 3\cos 45 = 4\left(\frac{\sqrt{2}}{2}\right)^3 - 3\frac{\sqrt{2}}{2} =$$

$$\sqrt{2} - 3\frac{\sqrt{2}}{2} = -\frac{\sqrt{2}}{2} = \cos 135$$

c) $\tan(3.\alpha) = \tan(3.45) =$

$$\frac{3\tan 45 - \tan^3 45}{1 - 3\tan^2 45} = \frac{3.1 - 1}{1 - 3.1} = \frac{2}{-2} = -1$$

= tan135.

2) Por relaciones geométricas
a) Según la medida
a.1) Ángulos complementarios

senα=cos(90º -α)
cosα=Sen(90º -α)
tanα = cot(90º -α)
cotα=tan(90º -α)

$\csc\alpha = \sec(90º - \alpha)$

$\sec\alpha = \csc(90º - \alpha)$

a.2) Ángulos suplementarios

$\sen\alpha = Sen(180º - \alpha)$

$\cos\alpha = -\cos(180º - \alpha)$

$\tan\alpha = -\tan(180º - \alpha)$

$\csc\alpha = \csc(180º - \alpha)$

$\sec\alpha = -\sec(180º - \alpha)$

$\cot\alpha = -\cot(180º - \alpha)$

b) Según la posición

b.1) Ángulos conjugados

$\sen\alpha = -\sen(360º - \alpha)$

$\cos\alpha = \cos(360º - \alpha)$

$\tan\alpha = -\tan(360º - \alpha)$

$\csc\alpha = -\csc(360º - \alpha)$

$\sec\alpha = \sec(360º - \alpha)$

$\cot\alpha = -\cot(360º - \alpha)$

b.2) Ángulos opuestos

$\sen\alpha = -\sen(-\alpha)$

$\cos\alpha = -\cos(-\alpha)$

$\tan\alpha = \tan(-\alpha)$

$\csc\alpha = -\csc(-\alpha)$

$\sec\alpha = -\sec(-\alpha)$

$\cot(\alpha) = \cot(-\alpha)$

b.3) Ángulos que difieren 90 grados

$\sen\alpha = -\cos(90º + \alpha)$

$\cos\alpha = Sen(90º + \alpha)$

$\cot\alpha = -\tan(90º + \alpha)$

$\csc\alpha = -Sec(90º + \alpha)$

$sec\alpha = csc(90º+\alpha)$

$tan\alpha = -cot(90º+\alpha)$

b.4) Ángulos que difieren 180º

$sen\alpha = -Sen(180º+\alpha)$

$cos\alpha = -cos(180º+\alpha)$

$tan\alpha = tan(180º+\alpha)$

$csc\alpha = -csc(180º+\alpha)$

$sec\alpha = -sec(180º+\alpha)$

$cot\alpha = cot(180º+\alpha)$

Hay que tener en cuenta que:

1) El seno, coseno o tangente de un ángulo doble es diferente al doble del seno, coseno o tangente de un ángulo; es decir:

$$sen2\alpha \neq 2sen\alpha$$
$$cos2\beta \neq 2cos\beta$$
$$tan2\gamma \neq 2tan\gamma$$

2) El cuadrado de seno, coseno o tangente de un ángulo es diferente del seno, coseno o tangente del cuadrado de un ángulo, esto es:

$$sen^2\alpha \neq sen\alpha^2$$
$$cos^2\alpha \neq cos\alpha^2$$
$$tan^2\alpha \neq tan\alpha^2$$

Se cumple también para sus reciprocas.

3) $sen(\alpha + \alpha) \neq sen(\alpha.\alpha)$ ya que

$$Sen(\alpha + \alpha) = sen(2\alpha) \neq$$

$$sen(\alpha.\alpha) = sen\alpha^2$$

Composiciones de funciones trigonométricas con las inversas

La función seno compuesta con la función inversa del coseno

Sen(arccos(x))=$\sqrt{1-x^2}$

La función seno compuesta con la función inversa de la tangente

Sen(arctan(x))=$\dfrac{x}{\sqrt{1+x^2}}$

La función coseno compuesta con la función inversa del seno

Cos(arcsen(x))=$\sqrt{1-x^2}$

La función coseno compuesta con la función inversa de la tangente

Cos(arctan(x)=$\dfrac{1}{\sqrt{1+x^2}}$

La función tangente compuesta con la función inversa de la función seno

Tan(arcsen(x)=$\dfrac{x}{\sqrt{1-x^2}}$

La función tangente compuesta con la función inversa de la función seno

$$\operatorname{Tan}(\operatorname{arcsen}(x)) = \frac{\sqrt{1-x^2}}{x}$$

Comparando argumentos y los casos diferentes de descomposición

Ángulos= descomposición en ángulos notables	caracterización
15° = 45° − 30°	Angulo diferencia
75° = 45° + 30°	Angulo suma
120° = 2.60°	Angulo doble
125° = 270° -45°	Angulo diferencia
135° = 90° + 45°	Ángulos que difieren en 90 o ángulo suma

135°	= 180°-45°	Ángulos suplementarios o ángulo diferencia
150°	=90° + 60°	Angulo suma o que difieren en 90°
210°	=180° + 30°	Ángulos que difieren en 180°

Actividades para fijar conocimiento

1) Encuentre el valor exacto de las siguientes funciones trigonométricas:

a) $\operatorname{sen}\dfrac{\pi}{12}$

b) $\cos\dfrac{7\pi}{12}$

c) $\operatorname{sen}\dfrac{\pi}{8}$

d) $\cos 108°$

e) $\operatorname{Sen} - \dfrac{7\pi}{12}$

f) $\cos 105°$

g) $\operatorname{sen} \dfrac{7\pi}{12}$

h) $\tan 75°$

2) Observa las formas de las gráficas de las funciones seno y coseno; cosecante y secante, tangente y cotangente y escribe la diferencia entre estas.

Identidades trigonométricas

Definición:

Identidad trigonométrica es una relación de igualdad que involucra a funciones trigonométricas y que resultan verificables para cualquier valor de las variables (los ángulos sobre los que se aplican las funciones).

Identidades pitagóricas:

Las relaciones trigonométricas más importantes son las siguientes:

1) Identidad fundamental de la trigonometría: Afirma que la suma de los cuadrados del seno y del coseno de cualquier ángulo (α) siempre es 1.
   Simbólicamente es:
   $$\operatorname{sen}^2 \alpha + \cos^2 \alpha = 1$$

¿Cómo se calcula?

Sea el triángulo con vértices A, B y C y de lados a, b y c.

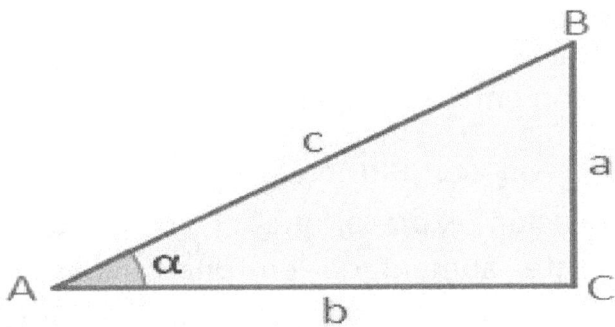

Sabemos que el seno y el coseno de α son:
$$\text{sen } \alpha = \frac{a}{c} \quad \text{y} \quad \cos \alpha = \frac{b}{c}$$

$\text{sen}^2 \alpha + \cos^2 \alpha =$ por identidad fundamental

$\left(\dfrac{a}{c}\right)^2 + \left(\dfrac{b}{c}\right)^2 =$ por sustitución de seno y coseno

$\dfrac{a^2}{c^2} + \dfrac{b^2}{c^2} =$ por potencia de un cociente

$\dfrac{a^2 + b^2}{c^2} =$ por adición de fracciones

$\dfrac{c^2}{c^2} =$ *por teorema* de Pitágoras

1 por numerador y denominador iguales

2) Relación entre la tangente y la secante:

$$\sec^2\alpha - \tan^2\alpha = 1$$

Esta relación expresa que el cuadrado de la tangente aumentada en una unidad es igual al cuadrado de la secante, simbólicamente esto es:

$$\tan^2\alpha + 1 = \sec^2\alpha$$

¿Cómo se demuestra?

dividiendo la identidad fundamental entre el $\cos^2\alpha$.

Así: $\operatorname{sen}^2\alpha + \cos^2\alpha = 1 \rightarrow$ identidad fundamental

$$\frac{\operatorname{sen}^2\alpha + \cos^2\alpha}{\cos^2\alpha} = \frac{1}{\cos^2\alpha} \rightarrow$$ dividiendo ambos lados entre $\cos^2\alpha$

$$\frac{\operatorname{sen}^2\alpha}{\cos^2\alpha} + \frac{\cos^2\alpha}{\cos^2\alpha} = \frac{1}{\cos^2\alpha} \rightarrow$$ adición de fracciones igual denominador

$$\frac{\operatorname{sen}^2\alpha}{\cos^2\alpha} + 1 = \frac{1}{\cos^2\alpha} \rightarrow$$ numerador y denominador

iguales es 1

$$\tan^2 \alpha + 1 = \sec^2 \alpha \qquad \text{por relaciones}$$

3) Relación entre cosecante y la cotangente:
$$\csc^2 \alpha - \cot^2 \alpha = 1$$

Esta relación expresa que el cuadrado de la cotangente aumentada en una unidad es igual al cuadrado de la cosecante.

Simbólicamente esto es: $\cot^2 \alpha + 1 = \csc^2 \alpha$

¿Cómo se demuestra?

dividiendo la identidad fundamental entre el $sen^2 \alpha$.

Así: $sen^2 \alpha + \cos^2 \alpha = 1 \rightarrow$ identidad fundamental

$$\frac{sen^2 \alpha + \cos^2 \alpha}{sen2\, \alpha.} = \frac{1}{sen2\, \alpha.} \rightarrow \quad \text{dividiendo}$$

ambos lados entre $\cos^2 \alpha$

$$\frac{sen^2 \alpha}{sen2\, \alpha.} + \frac{\cos^2 \alpha}{sen2\, \alpha.} = \frac{1}{sen2\, \alpha.} \rightarrow \quad \text{adición de fracciones}$$

$$\frac{\cos^2 \alpha}{1 + sen2\ \alpha.} = \frac{1}{sen2\ \alpha.} \rightarrow$$ numerador y denominador igual es 1

$1 + \cot^2 \alpha = \csc^2 \alpha \rightarrow$ por relaciones

$\cot^2 \alpha + 1 = \csc^2 \alpha \rightarrow$ por conmutatividad de la adición

Uso de las identidades pitagóricas

Calcular las razones trigonométricas a partir de $\tan \alpha = \frac{3}{4}$

$\sec^2 \alpha - \tan^2 \alpha = 1 \rightarrow \sec^2 \alpha = \tan^2 \alpha + 1 \rightarrow$

$\sec^2 \alpha = \left(\frac{3}{4}\right)^2 + 1 \quad = \frac{9}{16} + 1 \rightarrow$

$\sec^2 \alpha = \frac{25}{16} \rightarrow \sec \alpha = \pm \sqrt{\frac{25}{16}} \quad \therefore \sec \alpha = \pm \frac{5}{4}$

$\csc^2 \alpha - \cot^2 \alpha = 1$

$\rightarrow \csc \alpha = \pm \sqrt{1 + \cot^2 \alpha} \rightarrow \csc \alpha \quad = \quad =$

$\pm \sqrt{1 + \frac{1}{\tan^2 \alpha}} \rightarrow$

$$\csc\alpha = \pm\sqrt{1+\dfrac{1}{\left(\dfrac{3}{4}\right)^2}} \rightarrow \csc\alpha = \pm\sqrt{1+\dfrac{1}{\left(\dfrac{9}{16}\right)}}$$

$$\rightarrow \csc\alpha = \pm\sqrt{\dfrac{25}{9}} \rightarrow \csc\alpha = \pm\dfrac{5}{3}$$

$$\csc^2\alpha - \cot^2\alpha = 1 \rightarrow \cot\alpha = \pm\sqrt{\csc^2\alpha - 1}$$

$$\rightarrow \cot\alpha = \pm\sqrt{\dfrac{25}{9} - 1} \rightarrow \cot\alpha = \pm\sqrt{\dfrac{16}{9}} \therefore \cot\alpha = \pm\dfrac{4}{3}$$

$$\operatorname{sen}^2\alpha + \cos^2\alpha = 1 \rightarrow \operatorname{sen}\alpha = \pm\sqrt{1-\cos^2\alpha} \rightarrow$$

$$\operatorname{sen}\alpha = \pm\sqrt{1-\dfrac{1}{\sec^2\alpha}} \rightarrow \operatorname{sen}\alpha = \pm\dfrac{3}{5}$$

$$\operatorname{sen}^2\alpha + \cos^2\alpha = 1 \rightarrow \cos\alpha = \pm\sqrt{1-\operatorname{sen}^2\alpha} \rightarrow$$

$$\cos\alpha = \pm\sqrt{1-\left(\dfrac{3}{5}\right)^2} \rightarrow \cos\alpha = \pm\dfrac{4}{5}$$

Nota: Se han calculado usando solo identidades pitagóricas, pero no es la única forma.

Identidades de las razones reciprocas por inversos multiplicativos

a) Cosecante (*csc*): es la razón recíproca del seno. Es decir:

$$\csc \alpha \cdot \sen \alpha = 1$$

b) Secante (*sec*): es la razón recíproca del coseno. Es decir,

$$\sec \alpha \cdot \cos \alpha = 1$$

c) Cotangente (*cot*): es la razón recíproca de la tangente. También en este caso, se cumple que su producto es igual a la unidad

$$\cot \alpha \cdot \tan \alpha = 1$$

Identidades cocientes

Tangente: Es el cociente que resulta de dividir el seno entre el coseno del mismo ángulo

$$\tan \alpha = \frac{sen\alpha}{cos\alpha}$$

Cotangente: Es el cociente que se obtiene al dividir el coseno entre el seno del mismo ángulo.

$$\cot \alpha = \frac{\cos\alpha}{sen\alpha}$$

Secante: Es el cociente obtenido al dividir la unidad entre el coseno del mismo ángulo

$$\sec \alpha = \frac{1}{\cos\alpha}$$

Cosecante: Es el cociente que resulta de dividir a la unidad (1) entre el seno de su mismo ángulo.

$$\csc \alpha = \frac{1}{sen\alpha}$$

Identidad que relacionan a las razones principales

Expresa que la tangente es igual a la razón entre el seno y el coseno. Simbólicamente esto es: $\tan\alpha = \frac{sen\alpha}{\cos\alpha}$

¿Cómo se comprueba?

Sea el triángulo con vértices A, B y C; de lados a, b y c; y α el ángulo agudo que forman b y c.

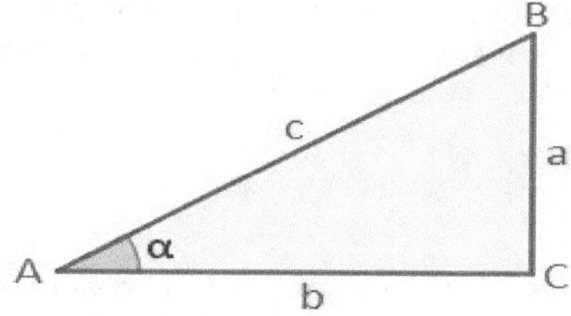

Sabemos que el seno y el coseno de α son:

$$\text{sen}\,\alpha = \frac{a}{c} \quad \text{y} \quad \cos\alpha = \frac{b}{c}$$

$\dfrac{\text{sen}\,\alpha}{\cos\alpha} = \dfrac{\frac{a}{c}}{\frac{b}{c}}$ por sustitución

$= \dfrac{ac}{bc}$ por división de fracciones

$= \dfrac{a}{b}$ por c entre c es uno

$= \tan\alpha$ cateto opuesto entre cateto adyacente

Recomendaciones para demostrar identidades

1) Trabajar con el lado más extenso de la ecuación

2) Expresar todas las funciones con el mismo ángulo

3) Reescribir todas las funciones trigonométricas en términos de senos y cosenos.

4) Utilizar identidades que conlleven a obtener una expresión más sencilla.

5) Cuando se trabaja con expresiones con cocientes, observar si se pueden simplificar términos, para lo cual se debe recurrir a la factorización

Veamos algunos ejemplos.

1) Demostrar la identidad trigonométrica
$$\text{sen}\,\alpha + \cos\alpha = \frac{1+\tan\alpha}{\sec\alpha}$$

$\dfrac{1+\tan\alpha}{\sec\alpha}$	Partiendo del miembro que tiene más operaciones
$\dfrac{1+\dfrac{sen\alpha}{cos\alpha}}{\dfrac{1}{cos\alpha}}$	Expresando en senos y cosenos
$\dfrac{\dfrac{cos\alpha + sen\alpha}{cos\alpha}}{\dfrac{1}{cos\alpha}}$	Adición de fracciones en el numerador
$\dfrac{cos\alpha(cos\alpha + sen\alpha)}{cos\alpha}$	División de fracciones
$\cos\alpha + sen\alpha$	$\cos\alpha$ entre $cos\alpha$ da 1.
$\text{sen}\,\alpha + cos\alpha$	conmutativa

2)Demostrar la identidad trigonométrica:
$$\frac{1 - sen^4 \beta}{cos^2\beta} = 2-cos^2\beta.$$

$\dfrac{1 - sen^4 \beta}{cos^2\beta}$	Partiendo del miembro que tiene más operaciones
$\dfrac{(1 - sen^2 \beta)(1 + sen^2 \beta)}{cos^2\beta}$	Factorizando el numerador
$\dfrac{(1 - sen^2 \beta)(1 + sen^2 \beta)}{1 - sen^2\beta}$	Expresando el denominador en términos de seno
$(1 + sen^2 \beta)$	División de factores iguales da 1
$(1 + 1 - cos^2 \beta)$	.Expresando en términos de coseno
$2-cos^2\beta$	Adición de reales

2) Demostrar la identidad trigonométrica
$$\frac{cos\gamma + tan\gamma}{cos\gamma \cdot tan\gamma} = cot\gamma + sec\gamma$$

$\dfrac{cos\gamma + tan\gamma}{cos\gamma \cdot tan\gamma}$	Partiendo del miembro que tiene más operaciones
$\dfrac{cos\gamma + \dfrac{sen\gamma}{cos\gamma}}{cos\gamma \cdot \dfrac{sen\gamma}{cos\gamma}}$	Expresando en senos y cosenos
$\dfrac{\dfrac{cos^2\gamma + sen\gamma}{cos\gamma}}{\dfrac{cos\gamma \cdot sen\gamma}{cos\gamma}}$	Adición de fracciones en el numerador. Multiplicación de fracciones en el denominador
$\dfrac{cos\gamma(cos^2\gamma + sen\gamma)}{cos\gamma(cos\gamma sen\gamma)}$	División de fracciones
$\dfrac{(cos^2\gamma + sen\gamma)}{(cos\gamma sen\gamma)}$	cos α entre cosα da 1.
$\dfrac{cos^2\gamma}{(cos\gamma sen\gamma)} + \dfrac{sen\gamma}{(cos\gamma)}$	Adición de fracciones
$\dfrac{cos\gamma}{sen\gamma} + \dfrac{1}{cos\gamma}$	Dividiendo numerador entre denominador en cada fracción sumando
$cot\gamma + sec\gamma$	Definición de las razones

Actividades para fijar conocimiento

Demostrar la veracidad de las siguientes identidades trigonométricas

a) $\tan\alpha + cotg\alpha = \sec\alpha \cdot \csc\alpha$

b) $\tan 2\beta = \dfrac{2sen\beta}{\cos\beta} - \dfrac{sen^2\beta}{\cos\beta}$

c) $\dfrac{1-sen\delta}{\cos\delta} = \dfrac{\cos\delta}{1+sen\delta}$

d) $\dfrac{sen\theta + cot\theta}{\tan\theta + \csc\theta} = \csc\theta$

e) $\cos^2\gamma = sen^2\gamma \cdot \cos^2\gamma \cos^4$

Teoremas trigonométricos.

Un teorema es una proposición teórica, enunciado o formula, de contenido verdadero y demostrable dentro de un sistema formal, que surge de la relación entre los elementos: hipótesis, tesis, conclusión.

En trigonometría se destacan tres teoremas de mucha utilidad, que han sido formulados en función de la relación entre los lados y ángulos de los triángulos, estos teoremas son:

Teorema del seno

Teorema del coseno

Teorema de la tangente

1) Teorema del seno

1.1) Aplicado a un triángulo en el plano.

Relaciona proporcionalmente los lados y los ángulos de un triángulo

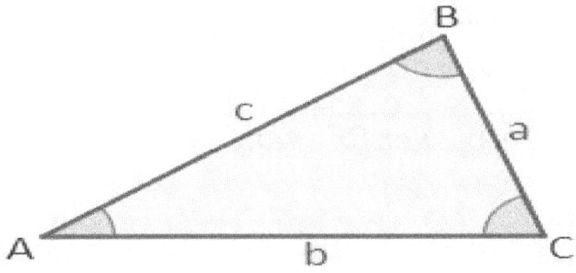

Figura nº 6

Enunciado:

Cada lado (a, b y c) de un triángulo es directamente proporcional al seno del ángulo opuesto (A, B y C).

Esto es:

$$\frac{a}{senA} = \frac{b}{senB} = \frac{c}{senC}$$

1.2) Aplicado a un triángulo circunscrito en la circunferencia.

La razón entre un lado y el seno del ángulo opuesto es igual al diámetro (el doble del radio, 2R) de la circunferencia (L) en la que se circunscribe el triángulo

Es decir, todas las razones entre cada lado (a, b y c) y el seno del ángulo opuesto (A, B y C) son directamente proporcionales y dicha proporción es 2R.

$$\frac{a}{senA} = \frac{b}{senB} = \frac{c}{senC} = 2R$$

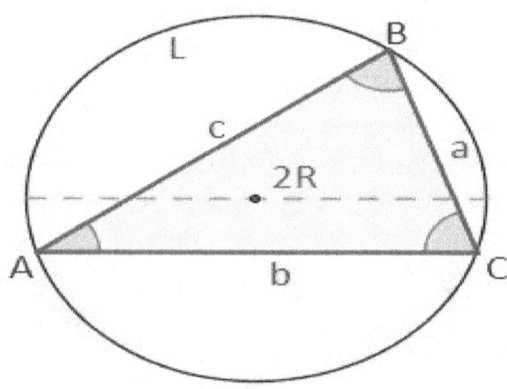

Figura nº 7

Uso de la ley del seno:

Tres amigos se sitúan en un campo de fútbol. Entre Alberto y Benito hay 25 metros, y entre Benito y Camilo, 12 metros. El ángulo formado en la esquina de Camilo es de 20º. Calcula la distancia entre Alberto y Camilo.

a) Representación de la situación:

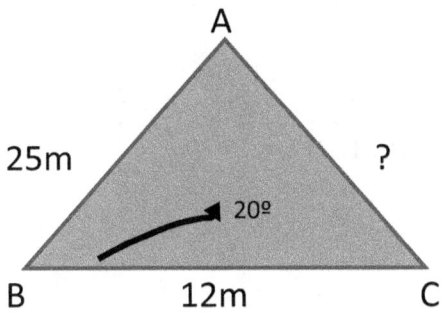

b) Datos:

$\bar{AB}$ =25m $\bar{BC}$ =12m

$\bar{AC}$ =? $m\sphericalangle C = 20°$

c) Desarrollo

$$\frac{25m}{sen20°}=\frac{12m}{senA} \rightarrow senA = \frac{12m\,sen20°}{25m}$$

$$\therefore senA = 0,16 \rightarrow A = 9,45°$$

Por suma de ángulos internos:

B=180° - (A+C)=180° − 29,45° =150,55°

$$\frac{25m}{sen20°}=\frac{\bar{AC}}{sen150,55°} \rightarrow \bar{AC} = \frac{25m \cdot sen150,55°}{sen20°}$$

$$\therefore \bar{AC}=35,94m$$

Respuesta:
La distancia entre Alberto y Camilo es de 36m aproximadamente

2) Teorema del coseno

Relaciona un lado del triángulo con los otros dos y el ángulo que forman éstos.

Enunciado:

El cuadrado de un lado (*a*, *b* o *c*) cualquiera de un triángulo es igual a la suma de los cuadrados de los dos lados restantes menos el doble del producto de ellos por el coseno del ángulo (*A*, *B* o *C*) que forman.
Simbólicamente esto es:

$a^2 = b^2 + c^2 - 2bc \cdot \cos A$
$\qquad b^2 = a^2 + c^2 - 2ac \cdot \cos B$
$c^2 = a^2 + b^2 - 2ab \cdot \cos C$ (ver figura 6)

El teorema del coseno es una generalización del teorema de Pitágoras para cualquier triángulo.
Cuando el ángulo A *es* recto (90º), su coseno es cero, quedando: $a^2 = b^2 + c^2$.
Nota: Si el ángulo *A* fuese obtuso, es decir >90º, entonces el coseno sería negativo.

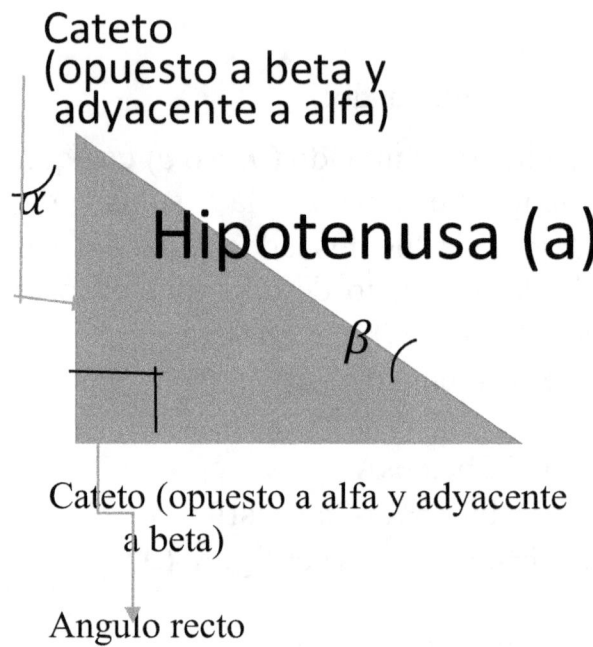

Mediante el teorema del coseno se pueden calcular los ángulos de un triángulo conociendo la medida de todos sus lados

Los ángulos son el arco coseno de la razón entre la suma del cuadrado de los lados adyacentes al ángulo, menos el cuadrado del lado opuesto entre el doble del producto de los lados adyacentes, así: (ver figura n° 6)

$$A = \arccos \frac{b^2 + c^2 - a^2}{2bc}$$

$$B = \arccos \frac{b^a + c^2 - b^2}{2ac}$$

$$C = \arccos \frac{a^2 + b^2 - c^2}{2ab}$$

Uso de la ley del coseno
Si un triángulo tiene un lado de 25,5 cm y otro de 37,5 cm y sus respectivos ángulos opuestos son de 37° y 62°, ¿cuánto mide el otro lado?

a) Representamos la situación

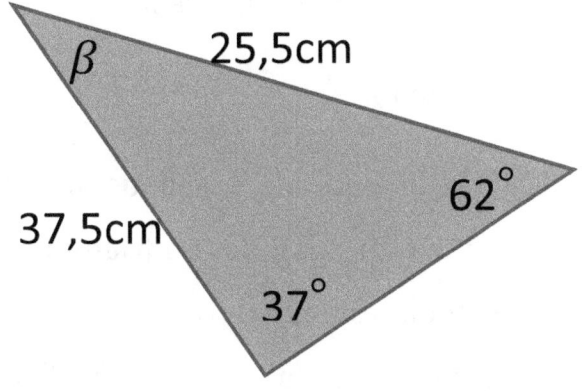

b) Para calcular el lado que falta aplicaremos ley de coseno, pero falta el ángulo comprendido entre los lados conocidos, el cual se puede obtener por suma de ángulos internos, esto es:

$\beta = 180° - 37° - 62° = 81°$

$$x = \sqrt{(25,5)^2 + (37,5)^2 - 2(25,5)(37,5)\cos 81°}$$

x=41,92cm

3) Teorema de la tangente.

Relaciona las longitudes de dos lados de un triángulo con las tangentes de los dos ángulos opuestos a éstos.

Enunciado:

La razón entre la suma de dos lados (a, b; a,c o b,c) de un triángulo y su diferencia es igual a la razón entre la tangente de la media de los dos ángulos opuestos a dichos lados y la tangente de un medio de la diferencia de éstos. Es decir:

$$\frac{a+b}{a-b} = \frac{tan\left(\frac{A+B}{2}\right)}{tan\left(\frac{A-B}{2}\right)}$$

$$\frac{a+c}{b+c} = \frac{tan\left(\frac{A+C}{2}\right)}{tan\left(\frac{A-C}{2}\right)}$$

$$\frac{a+c}{b-c} = \frac{tan\left(\frac{B+C}{2}\right)}{tan\left(\frac{B-C}{2}\right)}$$

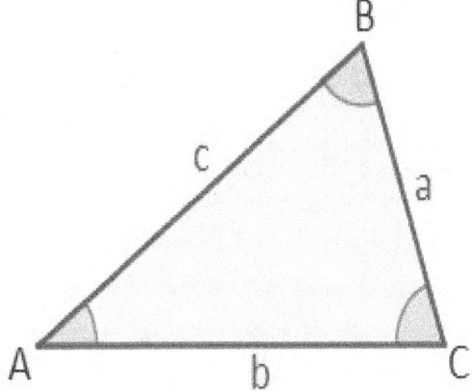

Figura nº 8

Cabe destacar que los teoremas más usados para obtener las medidas de lados y/o ángulos de un triángulo, son el teorema del seno, con las siguientes condiciones

a) Cuando se conocen las medidas de dos ángulos y un lado opuesto a cualquiera de ellos

b) Cuando se conocen las medidas de dos lados y un ángulo opuesto a cualquiera de los lados conocidos y el teorema del coseno, cuando los datos son:

a) Las medidas de todos los lados del triangulo
b) Las medidas de dos lados y el ángulo comprendido entre ellos

Actividades para fijar conocimiento

Resolver utilizando los teoremas correspondientes

a) Desde lo alto de un globo se observa un pueblo A con un ángulo de 50º, y otro B, situado al otro lado y en línea recta, con un ángulo de 60º. Sabiendo que el globo se encuentra a una distancia de 6 kilómetros del pueblo A y a 4 del pueblo B, calcula la distancia entre los pueblos A y B.

b) Los flancos de un triángulo forman un ángulo de 80º con la base. Si el triángulo tiene 30 centímetros de base, calcula la longitud de sus lados.

c) Una valla cuyo perímetro tiene forma triangular mide 20 metros en su lado mayor, 6 metros en otro y 60º en el ángulo que forman entre ambos. Calcula cuánto mide el perímetro de la valla

Ecuaciones trigonométricas

Descripción: Son relaciones de igualdad que contienen expresiones trigonométricas con argumentos desconocidos.

Las ecuaciones trigonométricas se resuelven usando técnicas similares a las usadas en ecuaciones algebraicas, en combinación con las identidades (formulas o razones, funciones) trigonométricas.

Son ecuaciones trigonométricas:

$Cos^2x - 3sen^2x = 0$

$Tan^2x + csc^2x - 3 = 0$

$Cos(30° + x) = senx$

Resolución:

Para una exitosa resolución de las ecuaciones trigonométricas se recomiendan las siguientes acciones importantes:

  a) Expresar todos los términos de la ecuación con el mismo arco (ángulo)
  b) Expresar la ecuación en términos de una sola razón trigonométrica, generalmente senos o cosenos.
  c) Aplicar las técnicas algebraicas, según el caso; factorizando siempre que sea posible.

Afirmaciones	Justificaciones
$4cos2x + 3cosx = 1$	Ecuación a resolver
$4(cos^2x - sen^2x) + 3cosx = 1$	Expresando en el mismo ángulo x, con coseno de ángulo doble
$4(cos^2x - (1-cos^2x)) + 3cosx = 1$	Expresándola en términos de una sola razón, con despeje en

85

		identidad pitagórica
$4(\cos^2 x - 1+\cos^2 x) + 3\cos x = 1$		Definición operacional de sustracción.
$4\cos^2 x - 4 + 4\cos^2 x + 3\cos x = 1$		Propiedad distributiva
$8\cos^2 x + 3\cos x - 5 = 0$		Adición de los términos semejantes y propiedad conmutativa
$(8\cos x - 5)(\cos x + 1) = 0$		Factorización
$8\cos x - 5 = 0$ ∨ $\cos x + 1 = 0$		Regla factor cero
$\cos x = \dfrac{5}{8}$ ∨ $\cos x = -1$		Despeje del cosx
$x = 51°19'$ ∨ $x = 308°41'$ ∨ $x = 180°$		En calculadora [2ndF] o [Shift] o [Inv] $\cos \dfrac{5}{8}$ y $\cos -1$
$x = \begin{cases} 51°19' + 2k\pi & \forall k \in Z \\ 308°41' + 2k\pi & \forall k \in Z \\ 180° + 2k\pi & \forall k \in Z \end{cases}$		Es la solución ya que al hacer las correspondientes sustituciones en la ecuación inicial todas la satisfacen

Ejemplos

Una ecuación puede tener varias vías de solución, por ejemplo

Resolver la ecuación:

$\text{Sen}^2 x - \cos^2 x = \dfrac{1}{2}$.

Primera. Expresándola en términos del seno.

$\text{Sen}^2 x - (1 - \text{sen}^2 x) = \dfrac{1}{2}$	Identidad pitagórica
$\text{Sen}^2 x - 1 + \text{sen}^2 x = \dfrac{1}{2}$	Definición de sustracción
$2\text{Sen}^2 x = \dfrac{3}{2}$	Adición de semejantes
$\text{Sen}\, x = \pm \sqrt{\dfrac{3}{4}}$	Despeje del seno
$\text{Sen}\, x = \pm \dfrac{\sqrt{3}}{2}$	Calculo de raíz cuadrada
$x = 60° \;\lor\; x = 120°$	Calculadora Shift sen $\dfrac{\sqrt{3}}{2}$ y sen $-\dfrac{\sqrt{3}}{2}$
$x = \begin{cases} 60° + k\pi \quad \forall k \in Z \\ 120° + k\pi \quad \forall k \in Z \end{cases}$	Es la solución ya que al hacer las correspondientes sustituciones en la ecuación inicial todas la satisfacen

Segunda. Expresándola en términos del coseno.

$(1 - \cos^2 x) - \cos^2 x = \dfrac{1}{2}$	Identidad pitagórica

$-2\cos^2 x = \dfrac{1}{2} - 1$	Adicionando términos semejantes y despejando coseno cuadrado
$-2\cos^2 x = -\dfrac{1}{2}$	Adición de números reales
$\cos x = \pm \sqrt{\dfrac{1}{4}}$	Despeje del coseno
$\cos x = \dfrac{1}{2} \quad \vee \quad \cos x = -\dfrac{1}{2}$	Calculo de raíz cuadrada
$x = 60° \quad \vee \quad x = 120°$	En calculadora Shift cos $\dfrac{1}{2}$ y cos $-\dfrac{1}{2}$
$x = \begin{cases} 60° + k\pi & \forall k \in Z \\ 120° + k\pi & \forall k \in Z \end{cases}$	Es la solución ya que al hacer las correspondientes sustituciones en la ecuación inicial todas la satisfacen

En una ecuación se pueden presentar una sola razón, pero con ángulos diferentes; por ejemplo:

Sen2x=senx	Ecuación dada

2senxcosx-senx=0	Seno de ángulo doble. Transposición
Senx(2cosx-1)=0	Factor común
Senx=0 ∨ 2cosx − 1 =0	Regla factor cero
Senx=0 ∨ cosx=$\dfrac{1}{2}$	Despejando el coseno
x=0° ∨ x=60°	valor por inversa de ángulos notables
x= $\begin{cases} 0° + k\pi & \forall k \in Z \\ 60° + k\pi & \forall k \in Z \end{cases}$	Es la solución ya que al hacer las correspondientes sustituciones en la ecuación inicial todas la satisfacen

También varias razones con un mismo ángulo como, por ejemplo:

4sen²xtanx-4sen²x-3tanx+3=0	Ecuación dada

(4sen²xtanx-4sen²x)-(3tanx-3)=0	Asociatividad
4sen²x(tanx-1)-3(tanx-1)=0	Factor común monomio
(tanx-1)(4sen²x-3)=0	Factor binomio
Tanx-1=0 V 4sen²x-3=0	Regla factor cero
Tanx=1 ∧ senx= $\pm\dfrac{\sqrt{3}}{2}$	Despejando tangente y seno
x=45° V x=225°; x=60° V x=120°	Ángulos notables
$x = \begin{cases} 45° + 2k\pi & \forall k \in Z \\ 60° + 2k\pi & \forall k \in Z \\ 120° + 2k\pi & \forall k \in Z \\ 225° + 2k\pi & \forall k \in Z \\ 240° + 2k\pi & \forall k \in Z \\ 300° + 2k\pi & \forall k \in Z \end{cases}$	Es la solución ya que al hacer las correspondientes sustituciones en la ecuación inicial todas la satisfacen

Otra situación que se puede presentar en una ecuación trigonométrica es que sea una misma razón, pero con uno de los ángulos conocidos, en este caso ese término sería un valor constante en la ecuación. Por ejemplo:

Cos8x+cos6x= $2\cos210°.cosx$.	Uno de los ángulos es conocido (210) por lo que es un valor numérico
$2\cos\left(\dfrac{8x+6x}{2}\right).\cos\left(\dfrac{8x-6x}{2}\right)=$ $2\cos210°.cosx$.	Transformación de suma en producto
2cos7x.cosx - 2cos210°$.cosx = 0$	Efectuando y transposición de términos
2cosx(cos7x - cos210°) = 0	Factor común
2cosx=0 V cos7x-cos210° =0	Regla factor cero
Cosx= 0 →x=90° V x=270°	Evaluando primer factor por ángulos notables
cos7x- cos210° = 0→$cos7x = cos210°$→ 7x=210° →x= ± 30°	Despejando el ángulo. Como no especifican cuadrantes hay que considerar los dos signos
x= $\begin{cases} 90° + k\pi & \forall k \in Z \\ 270° + 2k\pi & \forall k \in Z \\ \pm 30° + 2k\pi & \forall k \in Z \end{cases}$	Es la solución ya que al hacer las correspondientes sustituciones en la ecuación inicial todas la satisfacen

Como se observa, en los ejemplos se han mencionado ecuaciones solo con las razones principales.

¿significa esto que las reciprocas no forman ecuaciones trigonométricas?

Por supuesto que las reciprocas también pueden estar presentes en las ecuaciones trigonométricas, por ejemplo:

$Cscx + cotx = \sqrt{3}$	Ecuación dada
$\dfrac{1}{senx} + \dfrac{cosx}{senx} = \sqrt{3}$	Reciprocas
$\dfrac{1 + cosx}{senx} = \sqrt{3}$	Adición de fracciones con igual denominador
$\dfrac{(1 + cosx)^2}{sen^2 x} = \sqrt{3}^2$	Elevando al índice de la raíz.
$1 + 2cosx + cos^2 x = 3sen^2 x$	producto notable, transposición de termino
$1 + 2cosx + cos^2 x = 3(1 - cos^2 x)$	Expresando en términos del coseno con identidad pitagórica
$4cos^2 x + 2cosx - 2 = 0$	Distributiva, transposición, adición
$(2cosx - 1)(cosx + 1) = 0$	Factorizando
$2cosx - 1 = 0$ V $cosx + 1 = 0$	Regla factor cero
$Cosx = \dfrac{1}{2}$ V $cosx = -1$	Despejando el coseno
$x = 60°$ V $x = 300°$ V $x = 180°$	En calculadora Shift cos $\dfrac{1}{2}$ y cos-1
$x = 60° + 2k\pi \; \forall k \in Z$	Es la solución ya que al

	hacer las correspondientes sustituciones en la ecuación inicial solo la satisface 60

Actividades para fijar conocimiento

Obtener las soluciones de cada una de las siguientes ecuaciones trigonométricas.

a) $\csc^2 x = \dfrac{4}{3}$
b) $\cos 2x + 5\cos x + 3 = 0$
c) $\operatorname{sen} x \cdot \cos x = \dfrac{1}{2}$
d) $-3\operatorname{sen} x + \cos^2 x = 3$
e) $\sqrt{3}\operatorname{sen} x + \cos x = 1$
f) $\cos 2x - \cos 6x = \operatorname{sen} 5x + \operatorname{sen} 3x$
g) $\operatorname{sen} x - 2\cos 2x = -\dfrac{1}{2}$
h) $\cos 5x - \cos x = 0$
i) $\cos x + \cos 2x + \cos 3x = 0$
j) $2\cos x = 1 - \operatorname{sen} x$
k) $\sec x + \tan x = 0$
l) $2 + \sqrt{3}\sec x - 4\cos x = 2\sqrt{3}$

Scarlet C. Rueda M.

SEMBLANZA DE LA AUTORA

La profesora Scarlet C. Rueda M. es egresada, en la especialidad de Matemática, del Instituto Universitario Pedagógico Experimental "Rafael Alberto Escobar Lara" ubicado en la ciudad de Maracay. Estado Aragua. Venezuela.

Ha incursionado en la docencia desde el subsistema de pre escolar hasta educación superior, incluyendo educación especial. Entre los institutos donde ha desempeñado su labor se cuentan:

I.E.E Pre-escolar de Audición y Lenguaje. "Maracay".
C.P.A.P.E.P "La Candelaria".
E.B "Simón Bolívar" C.B.C "Cruz Verde"
C.B "Magdaleno"
U.B.E "José Rafael Revenga"
ESCUBAFAN
UBA
IUPFAN
IUPE" RAFAEL ALBERTO ESCOBAR LARA"
INCE-EPA
UNEFA.
IUTELV. Maracay. Entre otros...

Ha publicado otras obras certificadas tales como:
ALGEBRA LINEAL

Serie Jelu Ruemar

FISICA BÁSICA
MANUAL PRACTICO DE PLANIFICACIÓN EL AULA PROYECTO PEDAGOGICO. CONTROL ADMINISTRATIVO.
El AULA: MANUAL PARA EL TRABAJO PRÁCTICO DEL DOCENTE ADAPTADO AL NUEVO CURRICULO BASICO NACIONAL. Entre otras.

www.ingramcontent.com/pod-product-compliance
Lightning Source LLC
Chambersburg PA
CBHW050248220526
45465CB00002B/591